Los Mamíferos Fósiles de Buenos Aires

Cuando los Gliptodontes Caminaban
por la Avenida de Mayo

UNIVERSITAS

Ricardo C. Pasquali y Eduardo P. Tonni

Los Mamíferos Fósiles de Buenos Aires
Cuando los Gliptodontes Caminaban por la Avenida de Mayo

Primer Premio en la categoría "Docentes e Investigadores" en el Concurso de investigación del Programa "Historias Bajo las Baldosas", otorgado por el Gobierno de la Ciudad Autónoma de Buenos Aires en 2003

Ricardo C. Pasquali: *Profesor en el Departamento de Ciencias Biológicas de la Universidad CAECE.*

Eduardo P. Tonni: *Profesor en la Facultad de Ciencias Naturales y Museo de la Universidad Nacional de La Plata e Investigador de la Comisión de Investigaciones Científicas de la Provincia de Buenos Aires*

Diseño de Tapa: Ing. Jorge G. Sarmiento
Edición: Ing. Jorge G. Sarmiento
Producción Gráfica: Los Autores

Prohibida su reproducción, almacenamiento y distribución por cualquier medio, total o parcial sin el permiso previo y por escrito de los autores y/o editor. Esta también totalmente prohibido su tratamiento informático y distribución por internet o por cualquier otra red. Se pueden reproducir párrafos citando al autor y editorial y enviando un ejemplar del material publicado a esta editorial.

© 2020 UNIVERSITAS.

Indice

Indice 5

El Cuaternario 7

Los Mamíferos del Cuaternario de América del Sur 11

Gliptodontes 15
    Sclerocalyptus 17
    Neothoracophorus 20
    Lomaphorus 22
    Neuryurus 23
    Panochthus 25
    Doedicurus 29
    Daedicuroides 33
    Plaxhaplous 33
    Glyptodon 35

Armadillos 43
    Los armadillos gigantes del cuaternario bonaerense 46
    Eutatus 46
    Propraopus 48
    Pampatherium 50

Los Grandes Perezosos Terrestres 53
    Scelidotherium 56
    Scelidodon 58
    Glossotherium 59
    Mylodon 61
    Lestodon 63
    Megatherium 65

Litopternos 69
    Macrauchenia 70
    Macraucheniopsis 71

Notoungulados 73
    Mesotherium 73
    Toxodon 75

Proboscídeos 79
    Stegomastodon 80

Perisodáctilos 83
   Equus 83
   Hippidion 84

Artiodáctilos 87
   Tayassu 88
   Catagonus 88
   Lama 89
   Hemiauchenia 91
   Paleolama 91
   Eulamaops 92
   Paraceros 93
   Morenelaphus 94
   Antifer 95
   Epieuryceros 96
   Ozotoceros 97
   Blastoceros 98

Carnívoros 101
   Canis 103
   Theriodictis 104
   Dusicyon 105
   Protocyon 107
   Felis 108
   Panthera 109
   Smilodon 110
   Arctotherium 113
   Conepatus 116
   Galictis 116
   Lyncodon 117
   Stipanicicia 119
   Lontra 119
   Cyonasua 120

Roedores 121
   Múridos 122
   Octodóntidos 129
   Equímidos 130
   Miocastóridos 131
   Chinchílidos 132
   Cávidos 134
   Hidrocoéridos 137
   Dasipróctidos 139

Marsupiales 141
   Didelphis 141
   Monodelphis 142
   Lutreolina 143
   Lestodelphys 144
   Thylamys 146

El Cuaternario

Cuando se produce una pronunciada bajante del Río de la Plata, ya sea por acción de las mareas o de un viento persistente del Oeste, aflora una capa de sedimentos pardos, muy compactos, a los que se conocen como las "toscas" del Río de la Plata. Este depósito se originó en un lapso al cual los especialistas denominan Edad Ensenadense o, simplemente, Ensenadense. El alto grado de compactación de las toscas del Río de la Plata se debe a su elevado contenido en carbonato de calcio, una sustancia de color blanco que actúa como cemento y que forma la piedra caliza y el mármol, además del sarro que se deposita en las pavas y en el serpentín de los calefones que se utilizan con agua de pozo. Un lugar donde afloran las toscas del Río de la Plata durante las bajantes está ubicado en Martínez, a la altura de la estación Anchorena del tren de la costa. En los sitios donde faltaban estas toscas, la erosión fluvial excavaba hondonadas que eran aprovechadas por las mulatas de la época colonial como piletas para lavar la ropa.

Toscas del Río de la Plata.

El Ensenadense es una edad o subdivisión del tiempo geológico que corresponde al lapso comprendido entre algo más de 2.000.000 hasta unos 500.000 años atrás. Los sedimentos de esta edad son los más antiguos que afloran en la Ciudad de Buenos Aires y sus alrededores. La denominación Ensenadense fue acuñada por Florentino Ameghino en 1889 sobre la base de las observaciones que realizó en la localidad de Ensenada, provincia de Buenos Aires, durante la construcción del puerto de La Plata.

Al lapso comprendido entre la finalización del Ensenadense hasta unos 130.000 años atrás se lo conoce como Bonaerense. El nombre de esta edad geológica fue reutilizado en 1998 por Eduardo Tonni y Alberto Cione, paleontólogos de la Facultad de Ciencias Naturales y Museo de la Universidad Nacional de La Plata, quienes se basaron en una idea original de Florentino Ameghino.

Los sedimentos del Bonaerense se encuentran por encima de los depositados durante el Ensenadense y afloran en las barrancas de varios ríos y arroyos de la provincia de Buenos Aires. Los depósitos de esta antigüedad, al igual que los ensenadenses, también se observan en las excavaciones para obras civiles.

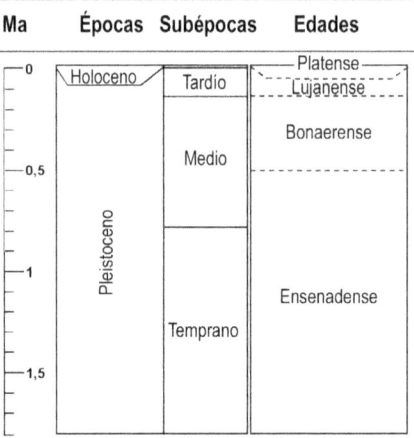

División del Cuaternario.

A fines del Ensenadense, o comienzos del Bonaerense, se produjo una elevación del nivel del mar (posiblemente debido a un calentamiento global) que trajo como consecuencia el avance de las aguas sobre las zonas costeras. Al retirarse las aguas quedó un depósito con valvas de moluscos marinos, al que se conoce como Formación Belgrano o "Belgranense". El nombre de esta formación geológica se debe a la presencia de una cantera de esas conchillas al pie de las barrancas de Belgrano, en la zona de la avenida Luis María Campos, la que fue explotada como material de construcción desde 1726 hasta su agotamiento en la época de Rosas.

En la ciudad de Buenos Aires y sus alrededores, las capas del Cuaternario afloran en las excavaciones para obras civiles y para la extracción de tosca (foto Ricardo Pasquali).

La edad geológica que siguió al Bonaerense, denominada Lujanense, finalizó hace 8.000 años. Su nombre fue acuñado por Ameghino en 1889 para designar a unos sedimentos aflorantes en las barrancas del río Luján, en la entonces Villa de Luján, provincia de Buenos Aires. Las capas de esta edad aparecen en excavaciones poco profundas y en las barrancas de ríos y arroyos bonaerenses.

Al finalizar el Lujanense se extinguieron los últimos representantes de una fauna de mamíferos gigantes que incluía, entre otros, a gliptodontes, perezosos terrestres y mastodontes, dando comienzo a la edad Platense, que se extendió hasta el siglo XVI. El término "piso platense" fue propuesto en 1882 por el científico alemán Adolf Doering para designar el horizonte superior de lo que se denominaba "Diluvial" argentino.

Al lapso comprendido entre 1.800.000 y 10.000 años atrás, que incluye a casi todo el Ensenadense, al Bonaerense y a la mayor parte del Lujanense, se lo conoce como Pleistoceno, la más antigua de las épocas del denominado período Cuaternario. La época más reciente comenzó hace 10.000 años y abarca los últimos 2.000 años del Lujanense y todo el Platense. El período anterior al Cuaternario se lo conoce como Terciario y se extiende desde 65.000.000 hasta 1.800.000 años atrás. El Terciario y el Cuaternario son los dos períodos en que se subdivide a la era geológica llamada Cenozoico, conocida informalmente como la Edad de los Mamíferos debido a la gran diversificación que alcanzó este grupo de vertebrados.

Durante el Cuaternario, el clima mundial estuvo determinado por ciclos glaciales que duraron unos 100.000 años cada uno. Periódicamente, el clima osciló entre períodos glaciales, en los que el clima fue particularmente riguroso, con muy bajas temperaturas, y períodos interglaciales, en los que las condiciones fueron más cálidas o similares a las de la actualidad.

El Lujanense comenzó en el último interglacial, unos 130.000 años atrás; poco después comienza el último ciclo glacial. Las más bajas temperaturas se alcanzaron hace unos 20.000 años, cuando los hielos cubrían una tercera parte de la superficie de los continentes y alcanzaron un espesor de varios kilómetros en gran parte de América del Norte y de Europa. Además, el nivel de nieves eternas descendió notablemente en cadenas montañosas tales como los Alpes y los Andes. Tanta agua se transformó en hielo que el nivel del mar bajó más de 100 metros con respecto al actual.

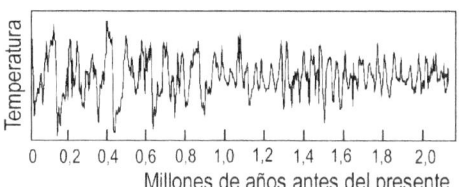

Temperaturas del planeta en los últimos 2 millones de años.

Bibliografía

Cione, A. L., y Tonni, E. P. "*Chronostratigraphy and 'Land Mammal Ages' in the Cenozoic of southern South America: principles, practices and the 'Uquian' problem*". Journal of Paleontology, 69 (1): 135-159. 1995.

Nabel, P. E., y Pereyra, F. X. *El paisaje natural bajo las calles de Buenos Aires.* Museo Argentino de Ciencias Naturales Bernardino Rivadavia, Buenos Aires, 123 pp. 2002.

Tonni, E. P, y Pasquali, R. C. *Los que sobrevivieron a los dinosaurios. Historia de los mamíferos en América del Sur*. Editorial Naturaleza Austral, Buenos Aires, 104 pp. 2002.

Los Mamíferos del Cuaternario de América del Sur

La fauna de mamíferos cuaternarios de América del Sur incluye a los descendientes de antiguos inmigrantes que ingresaron a fines del Mesozoico (la era geológica anterior al Cenozoico) procedentes de América del Norte y de otros continentes que, junto con América del Sur, formaban parte de un supercontinente conocido como Gondwana. Entre estos figuran los marsupiales (como las comadrejas), los perezosos arborícolas, los grandes perezosos terrestres, los armadillos, los gliptodontes y los osos hormigueros, además de unos animales con pezuñas (hoy extinguidos) típicamente sudamericanos, como las macrauquenias y los toxodontes.

El Gran Intercambio Faunístico Americano (modificado de Benton).

También integran esta fauna roedores y monos cuyos antepasados eran originarios de África y, finalmente, inmigrantes que ingresaron a través del istmo de Panamá, conexión terrestre que se estableció a fines del Terciario (hace algo más de 3 millones de años) con América del Norte. En este último proceso migratorio, al que se conoce como el Gran Intercambio Faunístico Americano, ingresaron a América del Sur (y continúan ingresando) mustélidos (zorrinos), tayasuidos (pecaríes), cánidos (perros, lobos y zorros), félidos (gatos), úrsidos (osos), camélidos (guanacos y vicuñas), cérvidos (ciervos), équidos (caballos), tapíridos (tapires), gonfotéridos (mastodontes), heterómidos (ratas canguro), esciúridos (ardillas), sorícidos (musarañas), lepóridos (liebres) y, además, el hombre.

Antes de que se estableciera el puente panameño hubo conexiones transitorias entre América del Sur y del Norte a través de archipiélagos cuyas islas fueron colonizadas con animales que viajaron pasivamente en balsas naturales, tales como camalotes, ramas y troncos de árboles arrastradas por las corrientes marinas. Así, hace unos 18 millones de años, una conexión de este tipo permitió que algunos perezosos terrestres sudamericanos colonizasen las islas del Caribe. Otra nueva conexión archipielágica, ocurrida unos 10 millones de años después, hizo posible la emigración de más perezosos terrestres hacia América del Norte y la inmigración desde ese continente de los prociónidos, grupo de carnívoros al que pertenecen los actuales coatíes, y de los roedores conocidos comúnmente como ratones de campo.

Algunos de los mamíferos sudamericanos descendientes de antiguos inmigrantes.

Los nombres científicos de los seres vivos

En el siglo XVIII, el naturalista sueco Carl von Linneo elaboró un sistema racional de clasificación de los seres vivos basado en similitudes entre organismos diferentes. En el sistema de Linneo se coloca a cada organismo dentro de un grupo que, a su vez, forma parte de un grupo más amplio. Este tipo de clasificación se llama taxonómica.

Una de las características de la clasificación propuesta por Linneo es la nomenclatura binaria, por la cual una especie se identifica con un nombre genérico, cuya primera letra se escribe con mayúscula, seguido del nombre específico. Ambos nombres se escriben con letra cursiva. Así, por ejemplo, el nombre científico, o binario, de la vizcacha es Lagostomus maximus. *El género* Lagostomus *incluye a vizcachas extinguidas que vivieron a partir de fines del Terciario.*

Frecuentemente se presentan variantes de una misma especie, llamadas subespecies, cada una de las cuales tiene su propia distribución geográfica. Así, la vizcacha posee en la Argentina tres subespecies: al norte, Lagostomus maximus inmollis; *en la llanura pampeana, parte de Mesopotamia y este de Cuyo,* Lagostomus maximus maximus; *y al sur de la región pampeana y norte de la Patagonia,* Lagostomus maximus peltilidens. *Como se ve en este ejemplo, la subespecie se identifica con un tercer nombre, además del genérico y el específico.*

Ocasionalmente se divide a un mismo género en subgéneros. Así, por ejemplo, mientras el caballo actual, Equus caballus, *pertenece al género* Equus, *a los caballos fósiles sudamericanos de este género se los incluye en el subgénero* Equus (Amerhippus), *como* Equus (Amerhippus) neogeus, Equus (Amerhippus) andium *y* Equus (Amerhippus) insulatus.

Bibliografía

Tonni, E. P., y Cione, A. L. (eds.), "*Quaternary vertebrate palaeontology in South America*". *Quaternary of South America and Antarctic Peninsula*, volumen especial, 12: 53-59. 1999.

Tonni, E. P, y Pasquali, R. C. *Los que sobrevivieron a los dinosaurios. Historia de los mamíferos en América del Sur*. Editorial Naturaleza Austral, Buenos Aires, 104 pp. 2002.

Gliptodontes

Los gliptodontes, al igual que los armadillos, pertenecen al grupo de los cingulados, palabra que deriva del latín *cingulum*, que significa cinta, ya que el caparazón de los armadillos (pero no el de los gliptodontes) contiene una cierta cantidad de bandas móviles, semejantes a cintas dispuestas transversalmente. A los cingulados también se los conoce como loricados, ya que *lorica* en latín significa coraza.

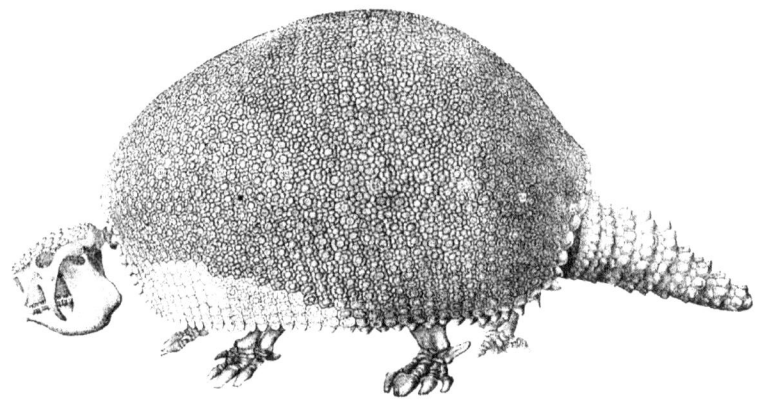

Esqueleto de un gliptodonte del género *Glyptodon* (según Burmeister).

El primer hallazgo de un gliptodonte fue realizado en 1760 por el jesuita inglés Thomas Falkner a orillas del río Carcarañá, en la provincia de Santa Fe. Este fósil fue descripto unos años más tarde por el naturalista francés Alcide Dessalines d'Orbigny, quien efectuó varios viajes a América del Sur. El nombre de estos animales deriva del griego *glyptós*, esculpido, y *odóntos*, diente, ya que sus dientes parecen esculpidos por conspicuos surcos.

Los gliptodontes abundaban durante el Pleistoceno y algunas especies llegaron a sobrevivir hasta comienzos del Holoceno. Estos animales poseían un caparazón muy fuerte, formado por la unión de un gran número de placas óseas, tetra, penta o hexagonales, con un espesor comprendido entre aproximadamente 1 y algo más de 5 centímetros, unidas entre sí por suturas.

Las placas de la coraza generalmente presentan en su cara externa una ornamentación en relieve, aunque pueden ser lisas y con algunas cavidades. La ornamentación, que varía mucho de un género a otro y hasta en especies distintas del mismo género, constituye una guía para la clasificación sistemática de los gliptodontes.

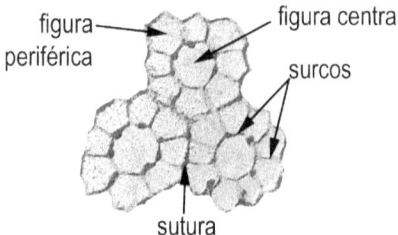

Algunas de las características de las placas de los gliptodontes que se tienen en cuenta en su descripción.

La cabeza y la cola de los gliptodontes también estaban protegidas por un caparazón óseo. Las placas del escudo cefálico eran rugosas, mucho más pequeñas que las del caparazón dorsal y se extendían hasta la región nasal.

En muchos gliptodontes la cola terminaba en un tubo formado por placas óseas soldadas fuertemente entre sí, y el extremo podía tener forma de maza, que probablemente usarían para su defensa. En las especies del género *Glyptodon*, la cola carecía de tubo caudal y estaba totalmente protegida por una serie de anillos móviles, de diámetro decreciente.

El caparazón dorsal estaba soldado a la columna vertebral. Para adaptarse a una armadura tan pesada, el esqueleto interno de los gliptodontes presentaba notables modificaciones, principalmente en la columna vertebral, donde varias vértebras estaban soldadas entre sí.

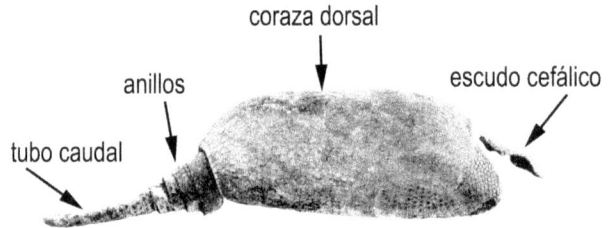

Corazas del gliptodonte *Sclerocalyptus ornatus* (modificado de Lydekker).

El cráneo de estos animales tenía una forma muy particular: era pequeño con relación al resto del cuerpo, corto, muy alto y truncado anteriormente. La mandíbula también tenía una forma muy singular y presentaba un desarrollo inusual. Los gliptodontes poseían, debajo de los arcos cigomáticos (que forman el pómulo), dos característicos procesos maxilares verticales, en forma de espina, que servían para la inserción de los músculos de la mandíbula.

La dentadura de los gliptodontes se compone de 32 dientes de corona alta (ocho a cada lado del maxilar superior y en cada rama mandibular), sin esmalte, formados por tres prismas yuxtapuestos. Su superficie coronaria presenta un relieve característico por la diferente dureza de sus componentes: la dentina compacta, que es relativamente blanda, se encuentra rodeada externamente por una delgada capa de cemento más resistente, con la parte central de osteodentina dura, de tal modo que forma una cresta axial más o menos ramificada.

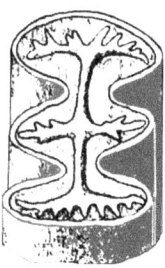

Diente de un gliptodonte de la especie *Glyptodon reticulatus* (modificado de Burmeister).

Los gliptodontes se agrupan dentro de la familia de los gliptodóntidos o Glyptodontidae, que fue fundada por Burmeister en 1879. En la llanura pampeana, los gliptodontes del Cuaternario están incluidos en los géneros *Sclerocalyptus*, *Neothoracophorus*, *Lomaphorus*, *Neuryurus*, *Panochthus*, *Doedicurus*, *Daedicuroides*, *Plaxhaplous* y *Glyptodon*, pero los que se descubren más frecuentemente son *Sclerocalyptus*, *Panochthus*, *Doedicurus* y *Glyptodon*.

Sclerocalyptus

El género *Sclerocalyptus* fue fundado por Florentino Ameghino en 1891. Estos gliptodontes, que medían en total algo menos de 2 metros, eran unos de los más "pequeños" de los que habitaron en la Argentina durante el Cuaternario. El nombre de este género deriva del griego *sklerós*, duro, y *kalyptós*, envuelto o cubierto, haciendo referencia a la dureza del caparazón.

Reconstrucción de un gliptodonte de la especie *Sclerocalyptus ornatus* (según Carlini y Tonni).

Al igual que en otros gliptodontes, la coraza es una estructura rígida formada por un gran número de placas, cuyas formas varían desde pentagonales a rectangulares y trapezoidales. Estas placas están ornamentadas por una figura central oval, algo deprimida en el centro, rodeada de un conjunto de figuras más pequeñas, todas ellas separadas por surcos someros. El caparazón es alargado y bajo, con la parte anterior proyectada a la manera de "alas".

El cráneo está cubierto por un casquete cefálico y la cola formada por un tubo caudal precedido por cuatro o cinco anillos móviles constituidos por dos hileras de placas cada uno, excepto el primero, que puede llevar tres hileras.

El tubo caudal es de forma cilíndrico-cónica, algo aplanado dorsoventralmente y curvado hacia arriba; está ornamentado con dibujos similares a los de las placas del caparazón, destacándose en el extremo distal (el más alejado del cuerpo) dos grandes figuras ovales que seguramente representan la cicatriz dejada por la inserción de estructuras córneas, como tubérculos o grandes espinas que le habían servido para la defensa.

Ameghino halló numerosos restos de gliptodontes del género *Sclerocalyptus* en las toscas del Río de la Plata, en la costa de la Ciudad de Buenos Aires.

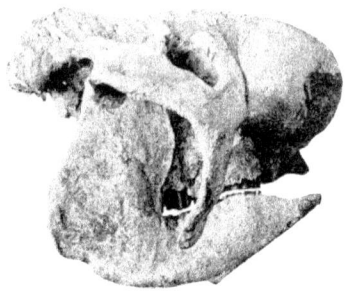

Cráneo de *Sclerocalyptus ornatus* (según Lydekker).

Entre 1918 y 1936, el paleontólogo Carlos Rusconi realizó un estudio geológico y paleontológico de la Ciudad de Buenos Aires y sus alrededores, publicado por la Academia Nacional de Ciencias de la República Argentina, en el que menciona el hallazgo de restos de numerosos fósiles, entre los que se encuentran varios especímenes de gliptodontes del género *Sclerocalyptus*. Un dato curioso que cita Parodi es el descubrimiento en 1923, en la barranca de la calle Quintino Bocayuva entre la avenida Pavón y Tarija, de tres corazas ubicadas en posición invertida. Una era de un armadillo gigante de la especie *Eutatus seguni* y, a unos 20 centímetros, había una de un gliptodonte del género *Sclerocalyptus* en cuyo interior se encontraba la de otro enorme armadillo perteneciente a la especie *Propraopus grandis*. Rusconi suponía que estas corazas habían sido colocadas en esa posición por los antiguos pobladores humanos de la zona.

Se conocen cinco especies que vivieron en Buenos Aires durante el Cuaternario: *Sclerocalyptus ornatus*, *Sclerocalyptus pseudornatus*, *Sclerocalyptus perfectus*, *Sclerocalyptus scrobiculatus* (todas exclusivas del Ensenadense) y *Sclerocalyptus migoyanus* (Bonaerense y Lujanense).

La especie tipo del género, y la mejor conocida, es *Sclerocalyptus ornatus*, descripta en 1845 por el zoólogo y paleontólogo inglés Sir Richard Owen como *Glyptodon ornatus*. El nombre específico en latín significa adorno y hace referencia a la ornamentación de la coraza. Parte del caparazón de un gliptodonte atribuido a esta especie se halla exhibido en la estación Juramento de la línea D de subterráneos. Este gliptodonte medía algo menos de 2 metros de largo. El tubo caudal tiene unos 43 centímetros de largo, una forma cilindro-cónica aplastada que disminuye gradualmente de ancho de adelante hacia tras de una manera considerable, es un poco arqueado hacia arriba en toda su longitud y termina en una punta muy delgada.

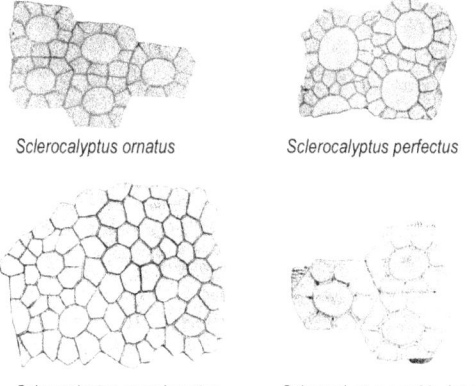

Placas del caparazón dorsal de algunos gliptodontes del género *Sclerocalyptus* (según Ameghino).

La especie *Sclerocalyptus pseudornatus* fue descripta por Ameghino en 1889 como *Hoplophorus pseudornatus* a partir de restos de la coraza y del tubo caudal que halló en las toscas del Río de la Plata y en las excavaciones del puerto de La Plata. La coraza de esta especie es delgada y de un tamaño probablemente igual o mayor que el de *Sclerocalyptus ornatus*. La superficie externa de las placas es más lisa que en *Sclerocalyptus ornatus*, con la figura central relativamente más pequeña y las periféricas más grandes pero menos numerosas. En la parte central de la coraza, cada placa contiene 7 u 8 figuras periféricas. El tubo caudal de esta especie es notablemente más delgado que el de *Sclerocalyptus ornatus*, bastante más deprimido y casi recto. De adelante hacia atrás, el tubo caudal disminuye gradualmente de ancho de una manera poco acentuada y termina en punta mucho más aguda que en las otras especies del mismo género.

En 1880, el paleontólogo francés Henri Gervais, junto con Florentino Ameghino, fundaron la especie *Hoplophorus perfectus*, a la que luego se la incluyó en el género *Sclerocalyptus*. Los restos de este gliptodonte habían sido descubiertos por Ameghino en el fondo del cauce del río Luján, en la localidad del mismo nombre, y en las toscas del Río de la Plata. Esta especie incluye a gliptodontes de un tamaño relativamente considerable. Las placas del centro de la coraza son poligonales, con un diámetro de aproximadamente 4 centímetros y un espesor de 1,6 a 1,8 centímetros. Las figuras centrales de las placas son muy grandes y, aunque de contorno poligonal, presentan una forma casi circular, con un diámetro de 2,2 a 2,5 centímetros, un poco deprimidas en el centro, de superficie casi completamente lisa y muestra solamente pequeñas puntuaciones. Cada una de estas figuras centrales está rodeada por 11 a 13 figuras periféricas mucho más pequeñas, de tamaño menos desigual que en la mayoría de las especies del género *Sclerocalyptus*, de contorno poligonal y anguloso, todas bien delimitadas, de superficie plana y lisa como la figura central, aunque las mayores son a veces un poco deprimidas. Las figuras periféricas de cada placa no se unen con las opuestas de las placas contiguas y quedan bien separadas, de forma tal que entre cada dos figuras centrales hay siempre dos filas de figuras periféricas bien acentuadas. El tubo caudal es de tamaño considerable, un poco más largo que el del *Sclerocalyptus ornatus* y casi el doble más grueso. Según Ameghino, el tubo caudal había medido más de 45 centímetros de largo.

La otra especie que se registra en el Ensenadense es *Sclerocalyptus scrobiculatus*, fundada por el científico alemán Hermann Burmeister como *Hoplophorus scrobiculatus* sin haber publicado su descripción. El nombre de esta especie proviene del latín *scrobiculus*, que significa hoyo pequeño. Es la especie más pequeña del género y presenta, según Ameghino, ciertos caracteres de transición con las del género *Lomaphorus*. Ameghino halló restos de este gliptodonte en las excavaciones del puerto de La Plata y en las toscas del Río de la Plata, en la costa de la Ciudad de Buenos Aires.

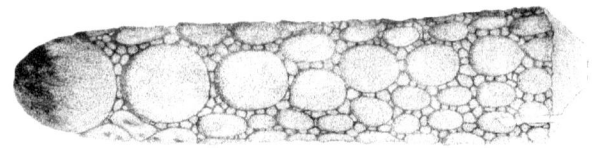

Vista lateral del tubo caudal de *Sclerocalyptus migoyanus* (según Ameghino).

La única especie que no se registra en el Ensenadense es *Sclerocalyptus migoyanus*, descripta por Ameghino en 1889 como *Hoplophorus migoyanus* a partir de tubos caudales de varios ejemplares procedentes de distintos puntos de la provincia de Buenos Aires. El nombre de esta especie es un homenaje a Julio Migoya, una persona que le había facilitado a Ameghino algunas piezas paleontológicas interesantes. El tubo caudal de esta especie, que tiene 40 centímetros de largo, es más corto y más grueso que el de otros gliptodontes del mismo género. Además, es del mismo ancho en casi toda su longitud, muy aplastado en su cara superior, convexo en la inferior, y recto o casi completamente recto.

Bibliografía

Ameghino, F. *"Contribución al conocimiento de los mamíferos fósiles de la República Argentina"*. Actas de la Academia Nacional de Ciencias de la República Argentina en Córdoba, 6: 802-819 (en esta obra, Ameghino incluyó a estos gliptodontes en el género *Hoplophorus*). 1889.

Carlini, A. A., y Tonni, E. P. *Mamíferos fósiles del Paraguay*. Cooperación Técnica Paraguayo-Alemana. Proyecto Sistema Ambiental del Chaco. Proyecto Sistema Ambiental Región Oriental, La Plata, pp 22-23. 2000.

Pascual, R., et al. "Vertebrata", en Borrello, A. (editor). *Paleontografía bonaerense*, Comisión de Investigación Científica, La Plata, 4: 88-89. 1966.

Rusconi, C. *"Contribución al conocimiento de la geología de la Ciudad de Buenos Aires y sus alrededores y referencia de su fauna"*. Actas de la Academia Nacional de Ciencias de la República Argentina, 10: 190. 1937.

Scillato Yané, G. J. *"Algunas consideraciones sobre los Glyptodontidae (Mammalia, Edentata) del Pleistoceno de la provincia de Buenos Aires. Su importancia paleoambiental y bioestratigráfica"*. II Reunión Inf. Cuaternario Bonaerense, CIC, 71-74, Buenos Aires. 1978.

Neothoracophorus

En 1857, el francés Leonard Nodot describió un nuevo gliptodonte con el nombre de *Glyptodon elevatus*, basándose en gran parte de una coraza depositada en el Museo de París y descubierta en las orillas del río das Velhas, en el sur del Brasil. Más tarde, este material fue examinado por Ameghino y el francés Henri Gervais, quienes observaron diferencias fundamentales con las correspondientes al género *Glyptodon*, razón por la cual fundaron otro nuevo al que denominaron *Thoracophorus*, palabra que deriva del griego *thorako-phóros*, que significa acorazado. Pero debido a que este nombre había sido empleado con anterioridad (1840) para designar a un género de coleópteros, en 1889 Ameghino lo cambió a *Neothoracophorus*.

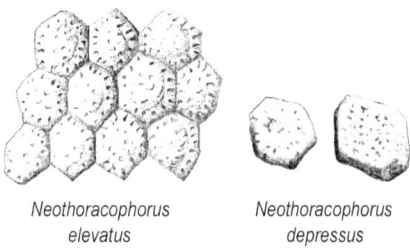

Neothoracophorus   Neothoracophorus
elevatus   depressus

Placas del caparazón dorsal de dos gliptodontes del género *Neothoracophorus* (según Ameghino).

La coraza de los gliptodontes de este género se distingue por estar formada por placas muy pequeñas y relativamente gruesas, de forma pentagonal o hexagonal, con una figura central grande y una zona periférica reducida, con gruesas perforaciones que posiblemente eran atravesadas por pelos. Las placas estaban simplemente yustapuestas unas al lado de otras sin formar suturas, conservando una cierta movilidad que daba un poco de flexibilidad a toda la coraza. La cola se componía de anillos con tubérculos espinosos como los del género *Glyptodon*. En la mandíbula, la dirección de la rama ascendente no se inclina hacia adelante como en los demás gliptodontes y la forma de la primera muela inferior, en lugar de ser triprismática, se reduce a un diente cilíndrico muy pequeño y puntiagudo.

Las especies del Cuaternario bonaerense son *Neothoracophorus elevatus*, del Ensenadense, y *Neothoracophorus depressus*, del Bonaerense y Lujanense.

La especie tipo del género es *Neothoracophorus elevatus*, descripta como *Glyptodon elevatus* por Nodot en 1857. El nombre específico de este gliptodonte se debe a que la figura central de las placas está elevada. Su talla es comparable a las más pequeñas especies del género *Sclerocalyptus*. Ameghino descubrió restos de este gliptodonte en las tocas del Río de la Plata.

En su obra "La antigüedad del hombre en el Plata", publicada en 1881, Ameghino mencionó a una nueva especie de gliptodonte, a la que denominó *Thoracophorus depressus*, que había sido descubierta en los alrededores de la ciudad de Mercedes, provincia de Buenos Aires. Más tarde, Carlos Ameghino, hermano de Florentino, halló otros restos cerca de la estación Jáuregui (partido de Luján), entre los que se encontraba una mandíbula, la que depositó en el Museo de La Plata. En 1889, Ameghino cambió el nombre a *Neothoracophorus depressus*. Los gliptodontes de esta especie eran de tamaños mucho más considerables que el de *Neothoracophorus elevatus*. La superficie externa de las placas presenta una figura central circular, o casi circular, más elevada que la parte periférica, pero en vez de ser convexa o globosa como en la especie *Neothoracophorus elevatus*, la superficie de esta figura es plana y un poco deprimida en el centro (de ahí el nombre *depressus*) con dos o cuatro agujeros pequeños.

Bibliografía

Ameghino, F. *"Contribución al conocimiento de los mamíferos fósiles de la República Argentina"*. Actas de la Academia Nacional de Ciencias de la República Argentina en Córdoba, 6: 790-792. 1889.

Pascual, R., et al. "Vertebrata", en Borrello, A. (editor). *Paleontografía bonaerense*, Comisión de Investigación Científica, La Plata, 4: 95. 1966.

Lomaphorus

Este género fue fundado por Ameghino en 1889. Posee características similares al género *Sclerocalyptus*, diferenciándose sobre todo por la escultura externa de la coraza y por la forma de la cola.

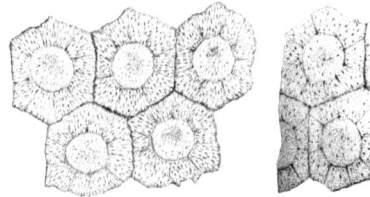

Lomaphorus compressus   Lomaphorus imperfectus

Placas de la coraza dorsal de dos gliptodontes del género *Lomaphorus* (según Ameghino).

La coraza dorsal es delgada como en *Sclerocalyptus* y compuesta de placas hexagonales y pentagonales en el centro de la coraza, y más o menos cuadradas o rectangulares en los flancos, y siempre menos soldadas entre sí que en las especies del género *Sclerocalyptus*. Cada placa lleva una figura central, circular o casi circular, más o menos elevada y siempre deprimida o excavada en el centro. Las figuras periféricas son poco acentuadas, rudimentarias, y no están separadas por surcos bien marcados. A menudo faltan completamente las figuras periféricas y se encuentran reemplazadas por una zona bastante ancha cubierta de impresiones radiales que van de la figura central, o del surco que la limita, a los bordes periféricos.

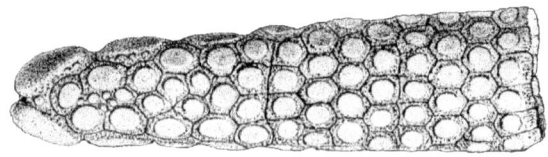

Tubo caudal de *Lomaphorus imperfectus* (según Ameghino).

La cola se compone de un cierto número de anillos móviles a los que sigue un tubo caudal cónico-cilíndrico aplastado, generalmente más corto y más ancho que en *Sclerocalyptus*. El tubo caudal está formado por placas trabadas entre sí por suturas más flojas que en *Sclerocalyptus*, dispuestas en fajas transversales bien acentuadas. Sobre los lados laterales se encuentran las mismas grandes verrugas elípticas que en el género *Sclerocalyptus*. La extremidad del tubo es relativamente más ancha y formada por un par de grandes tubérculos laterales.

Las especies de este género del Cuaternario bonaerense son *Lomaphorus compressus*, del Ensenadense, y *Lomaphorus imperfectus*, del Ensenadense y Bonaerense.

La especie *Lomaphorus imperfectus*, la especie tipo del género, fue descripta por Henri Gervais y Ameghino en 1880 como *Hoplophorus imperfectus*. Este gliptodonte, del cual Ameghino halló restos en las provincias de Buenos Aires, Córdoba y Santa Fe, tenía un tamaño similar al de la especie *Sclerocalyptus ornatus*. Las placas del centro de la coraza tienen una figura central más o menos circular de 1,2 a 1,3 centímetro de diámetro, no más elevada que el resto de la superficie de la placa, pero fuertemente deprimida o excavada en el centro. El surco que limita esta figura es poco acentuado y poseen 8 ó 9 figuras periféricas poco marcadas debido a que los surcos radiales que las dividen son poco visibles. El tubo caudal mide 42 centímetros de largo y está formado por 14 filas transversales de placas. El número de placas por fila disminuye de adelante hacia atrás.

Los gliptodontes de la especie *Lomaphorus compressus*, que fue descripta por Ameghino en 1882 como *Hoplophorus compressus*, tienen un tamaño algo menor que los de la especie *Sclerocalyptus ornatus*. La coraza se compone principalmente de placas aproximadamente cuadradas y rectangulares. Sobre el centro de la coraza, cada placa tiene en su superficie externa una figura casi circular o casi elíptica según la región de la coraza, de un diámetro de 1,4 a 1,5 centímetro y fuertemente deprimida o excavada en el centro, pero de superficie completamente lisa, apenas ligeramente puntuada, lo que permite distinguirla fácilmente de la correspondiente a la especie *Lomaphorus imperfectus*. Cada placa posee 8 figuras periféricas menos marcadas que en los gliptodontes del género *Sclerocalyptus* y de la especie *Lomaphorus imperfectus*. Los surcos no son muy pronunciados, con excepción del que rodea a la figura central, que posee en el fondo numerosas perforaciones bien visibles.

Ameghino halló restos del gliptodonte *Lomaphorus compressus* en las toscas del Río de la Plata y en las excavaciones del puerto de La Plata.

Bibliografía

Ameghino, F. 1889. "*Contribución al conocimiento de los mamíferos fósiles de la República Argentina*". Actas de la Academia Nacional de Ciencias de la República Argentina en Córdoba, 6: 819-822.

Pascual, R., *et al*. 1966. "Vertebrata", en Borrello, A. (editor). *Paleontografía bonaerense*, Comisión de Investigación Científica, La Plata, 4: 93.

Neuryurus

En 1880, Henri Gervais y Ameghino fundaron el género *Euryurus* basándose en un gliptodonte que Paul Gervais (padre de Henri) había designado como *Glyptodon rudis*. Debido a que el nombre *Euryurus* había sido empleado en 1864 para designar un género de crustáceos, Ameghino lo cambió en 1889 a *Neuryurus*.

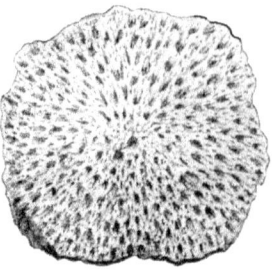

Placa del centro de la región dorsal de la coraza de *Neuryurus rudis* (según Ameghino).

De este género se conoce la especie *Neuryurus rudis*, del Ensenadense, y otra indeterminada del Lujanense (*Neuryurus* sp.).

En la esquina de la avenida Pavón y Colombres, en una excavación para la colocación de un caño para el agua corriente, Rusconi halló en 1936 varias placas marginales de la región caudal que atribuyó con dudas al género *Neuryurus*. Este descubrimiento lo realizó a tres cuadras de la barranca en que halló las corazas en posición invertida de *Eutatus*, *Sclerocalyptus* y *Propraopus grandis*.

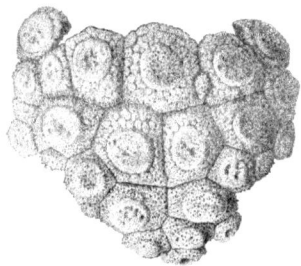

Casquete cefálico de *Neuryurus rudis* (según Ameghino).

Neuryurus rudis es la especie tipo del género. Este gliptodonte tenía una talla considerable. Las placas de la coraza, de tamaños no muy grandes, son relativamente gruesas. Las placas mayores tienen entre 4 y 5 centímetros de diámetro y 2,5 a 3 centímetros de espesor. La superficie externa de las placas es áspera, de aspecto esponjoso, plana en el centro de la coraza y muy ligeramente convexa cerca de los bordes. En medio de las asperezas de la superficie externa se observa un cierto número de perforaciones que generalmente están dispuestas en una zona alrededor de la parte central. El tubo caudal tiene, por lo menos, 80 centímetros de largo. Los restos de esta especie no son abundantes y fueron hallados en las provincias de Buenos Aires y de Santa Fe a lo largo de las barrancas del río Paraná.

Bibliografía

Ameghino, F. 1889. "*Contribución al conocimiento de los mamíferos fósiles de la República Argentina*". Actas de la Academia Nacional de Ciencias de la República Argentina en Córdoba, 6: 840-844.

Pascual, R., et al. "Vertebrata", en Borrello, A. (editor). *Paleontografía bonaerense*, Comisión de Investigación Científica, La Plata, 4: 95. 1966.

Rusconi, C. "*Contribución al conocimiento de la geología de la Ciudad de Buenos Aires y sus alrededores y referencia de su fauna*". Actas de la Academia Nacional de Ciencias de la República Argentina, 10: 221. 1937.

Panochthus

El género *Panochthus* fue fundado por Burmeister en 1867. Las especies de este género son de tamaño considerable y se distinguen por compartir ciertos caracteres que no permiten confundirlas con las de otros géneros. El nombre de este género proviene del griego *pan*, todo, y *ochthos*, loma.

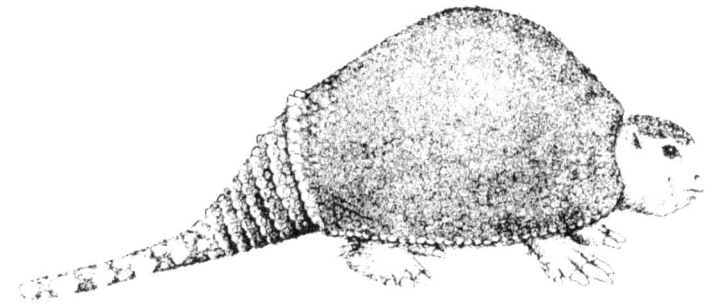

Reconstrucción del gliptodonte *Panochthus intermedius* (según Scillato-Yané y Carlini).

La coraza se compone de placas hexagonales y pentagonales de un espesor considerable que toman, sobre todo en los flancos, una forma rectangular o casi cuadrada. Cada placa lleva en la superficie externa un adorno o escultura formado por un considerable número de tubérculos o figuras más o menos poligonales y de superficie plana y casi lisa, separadas por surcos poco profundos en cuyo fondo se ven algunos pequeños orificios. El número de estos tubérculos que hay en cada placa es muy variable y depende de la posición de la placa en el caparazón: en las más grandes del centro y de la parte posterior de la coraza pasa de 50, mientras que no llega a una docena en las placas más pequeñas de los flancos.

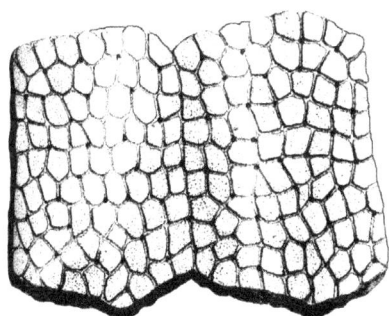

Placas de la región súpero-anterior del dorso del caparazón de *Panochthus tuberculatus* (según Ameghino).

Las figuras que adornan la superficie externa de las placas son un poco más grandes, más planas y más angulosas en el centro de la coraza, a menudo un poco deprimidas en el medio y separadas por surcos más profundos que se entrecruzan como el tejido de una red. Una particularidad del género *Panochthus* consiste en que todos los tubérculos son figuras completas, sin que haya una sola que esté colocada sobre el borde de las placas completándose por dos mitades colocadas en dos placas contiguas como, por ejemplo, en los géneros *Sclerocalyptus* y *Glyptodon*.

Casi todas las placas de la coraza de los gliptodontes del género *Panochthus* poseen una forma más rectangular que los de otros géneros, con su diámetro mayor dirigido de adelante hacia atrás, formando filas o hileras transversales (en un número cercano a 40) más regulares, que se pueden seguir con facilidad a través de toda la coraza. Esta disposición de las placas se asemeja a la de los armadillos.

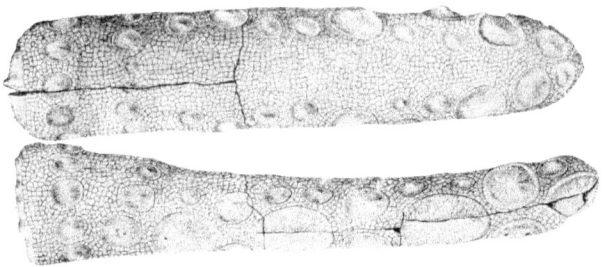

Vistas dorsal (arriba) y lateral (abajo) del tubo caudal de *Panochthus tuberculatus* (según Burmeister).

Las hileras transversales del centro o cercanas al centro, en la parte anterior de la coraza, se separan de las hileras anteriores y posteriores correspondientes al llegar a los bordes laterales, y dejan entre ellas hendiduras que son más anchas sobre el borde de la coraza y que se angostan gradualmente hacia arriba hasta que desaparecen por medio de suturas de las placas de hileras contiguas. Estas hendiduras daban a los bordes de la coraza una pequeña flexibilidad. Para Ameghino, las fajas transversales separadas en sus extremos se corresponden con las fajas o bandas transversales de los armadillos.

La coraza caudal está formada por seis anillos móviles, completamente separados, que disminuyen en tamaño del primero al último, y un séptimo anillo más pequeño que en la edad avanzada se suelda a la parte anterior del tubo caudal, pero conserva visible la hendidura que lo separa de éste.

El tubo caudal es un estuche óseo muy grueso de placas completamente soldadas, en las que desaparecieron las suturas que las unían. Este tubo es ancho y muy aplastado de arriba hacia abajo, con un diámetro casi constante en su mitad anterior, pero que disminuye de una manera poco apreciable de adelante hacia atrás en su mitad posterior y termina en una extremidad bastante roma. Presenta a cada costado una fila de figuras o verrugas elípticas muy rugosas y con una protuberancia en el centro, colocadas con su eje mayor en dirección al eje longitudinal del tubo, las que aumentan gradualmente de tamaño hacia el extremo distal. Esta fila de verrugas principales está acompañada a ambos lados de figuras elípticas más pequeñas.

Hendiduras del borde de la coraza de *Panochthus tuberculatus*.

En el género *Panochthus*, la parte superior del cráneo es fuertemente convexa, particularmente en la región frontal comprendida entre ambas cavidades orbitarias. En los géneros *Glyptodon* y *Doedicurus*, en cambio, esa parte forma un plano casi horizontal. El tamaño enorme del cráneo y su gran convexidad se deben a un laberinto de cavidades irregulares, de diferentes formas y tamaños, excavadas en el espesor de los huesos frontales y parietales.

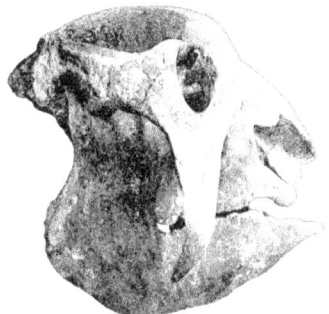

Cráneo de *Panochthus tuberculatus* (según Lydekker).

Las especies de este género del Cuaternario bonaerense son *Panochthus intermedius* (Ensenadense), *Panochthus tuberculatus*, *Panochthus morenoi* y *Panochthus frenzelianus* (las tres del Bonaerense y del Lujanense).

La especie tipo del género es *Panochthus tuberculatus*, descripta por Owen en 1839 como *Glyptodon tuberculatus* y asignada al género *Panochthus* por Burmeister en 1864. Este animal tenía el tamaño de un rinoceronte. La coraza es muy ancha y muy convexa, con una joroba pronunciada encima de la parte anterior de la pelvis. Las placas del centro de la coraza llevan sobre la cara externa de 40 a más de 50 figuras poligonales, de superficie relativamente lisa, separadas por surcos angostos en los que se ven pequeñas perforaciones. La longitud de este gliptodonte, de la punta de la nariz a la extremidad de la cola, es de 3,5 metros, de los cuales 1,6 metro corresponden a la coraza dorsal (medida en línea recta) y 0,9 metro al tubo caudal. Parte del caparazón, vértebras y la cintura pélvica de un ejemplar de *Panochthus tuberculatus* fueron hallados en junio de 1978 en la esquina de Bartolomé Mitre y San Martín, en la Ciudad de Buenos Aires, en ocasión de realizarse las obras para la construcción del edificio anexo del Banco de la Provincia de Buenos Aires.

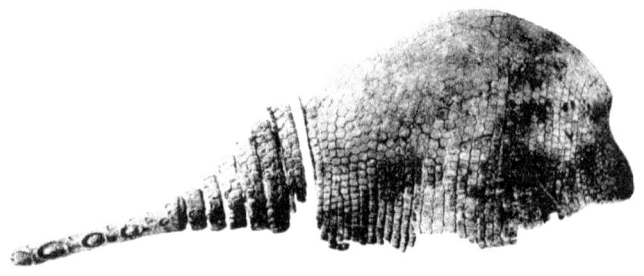

Caparazón dorsal, anillos y tubo caudal de *Panochthus tuberculatus* (según Lydekker).

La especie *Panochthus intermedius* fue descripta en 1894 por el paleontólogo inglés Richard Lydekker a partir de un caparazón descubierto durante las excavaciones del puerto de Buenos Aires. Este enorme acorazado fue posiblemente el más grande de todos los gliptodontes. Su largo total era de unos 4,20 metros y habría pesado más de 2.000 kilogramos. De este animal sólo se conocía la coraza hasta que, en diciembre de 1997, los paleontólogos Gustavo Scillato-Yané y Alfredo Carlini, de la Facultad de Ciencias Naturales y Museo de la Universidad Nacional de La Plata, anunciaron el descubrimiento de una tibia y de un cráneo incompleto realizado en una cantera ubicada en la localidad de Hernández, cercana a la ciudad de La Plata. En 1999, durante los estudios realizados para la construcción del estadio único de fútbol de La Plata, se descubrió un fémur de este gliptodonte gigante. *Panochthus intermedius* es la especie que muestra los caracteres más primitivos de su grupo. Mientras que en sus parientes más modernos, que vivieron durante el Bonaerense y el Lujanense, la parte anterior del rostro estaba inflada como consecuencia de un ahuecamiento o neumatización cuya ventaja era disminuir el peso de la cabeza, en *Panochthus intermedius* esa neumatización es incipiente.

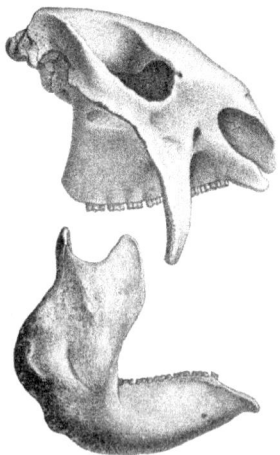

Cráneo y mandíbula del gliptodonte *Panochthus frenzelianus* (según Ameghino).

En "La antigüedad del hombre en el Plata", Ameghino anunció en 1881 el descubrimiento de una nueva especie de gliptodonte a la que denominó *Panochthus Morenii*, a la que actualmente se conoce como *Panochthus morenoi*. El primer hallazgo lo realizó en los alrededores de Montevideo y luego en distintos puntos de la provincia de Buenos Aires. El nombre específico es un homenaje a Francisco Pascasio Moreno, director del Museo de La Plata con quien luego mantuviera grandes diferencias. Este gliptodonte es más pequeño que el de la especie *Panochthus tuberculatus*. La coraza es un poco más delgada y está compuesta por placas más pequeñas, pero con la misma escultura externa. La cola se distingue de la de *Panochthus tuberculatus* por su tamaño bastante menor y algunas pequeñas diferencias en la forma y en la escultura que presenta.

En 1889, Ameghino fundó la especie *Panochthus frenzelianus*, que dedicó al zoólogo Juan Frenzel, su sucesor en la cátedra de Zoología en la Universidad de Córdoba. Este gliptodonte tenía la misma talla que el de la especie *Panochthus morenoi* y se distingue de éste y de *Panochthus tuberculatus* por tener las órbitas abiertas en la parte posterior, que se comunican libremente con las fosas temporales, en vez de estar cerradas por un arco óseo completo, como en las otras especies. Los restos de esta especie se hallaron en la provincia de Buenos Aires y en los alrededores de Montevideo.

Bibliografía

Ameghino, F. "*Contribución al conocimiento de los mamíferos fósiles de la República Argentina*". Actas de la Academia Nacional de Ciencias de la República Argentina en Córdoba, 6: 829-837. 1889.

Burmeister. *Anales del Museo Público de Buenos Aires*, 2: 190. 1867.

Carlini, A. A., y Tonni, E. P. *Mamíferos fósiles del Paraguay.* Cooperación Técnica Paraguayo-Alemana. Proyecto Sistema Ambiental del Chaco. Proyecto Sistema Ambiental Región Oriental, La Plata, pp 20-21. 2000.

Lydekker. R. 1894. "Los edentados extinguidos de la Argentina". *Anales del Museo de La Plata*, 3: 3-67.

Pascual, R., et al. "Vertebrata", en Borrello, A. (editor). *Paleontografía bonaerense*, Comisión de Investigación Científica, La Plata, 4: 92-93. 1966.

Scillato Yané, G. J., Carlini, A. A. "Un gigantesco gliptodonte en los alrededores de la ciudad de La Plata". *Revista Museo*, Fundación Museo de La Plata, 11: 45-48. 1998.

Doedicurus

Este género fue fundado por Burmeister en 1874. La coraza de los gliptodontes del género *Doedicurus* es corta, muy gruesa en el medio, casi esférica como en *Glyptodon*, y sumamente alta, con una elevación o joroba que asciende bruscamente hacia atrás encima de la región sacro-lumbar, como en *Panochthus*, pero de una manera todavía mucho más pronunciada. El nombre de este género deriva del latín *dedico*, exponer, y del griego *kuros*, poder, fuerza.

Reconstrucción de un gliptodonte de la especie *Doedicurus clavicaudatus* (según Carlini y Tonni).

La superficie externa de las placas de la coraza dorsal es casi igual a la interna debido a que carecen de los adornos, esculturas o rugosidades que presentan en la cara externa las placas de la coraza de casi todos los otros géneros. Las placas poseen una superficie lisa, tanto en el lado interno como en el externo, pero la cara interna es un poco más cóncava que la externa y algo radiada por un considerable número de estrías muy finas que convergen hacia el centro y que desaparecen en especímenes de edad muy avanzada. Cada placa presenta un cierto número de orificios que la perforan completamente. La cantidad de estas perforaciones, su tamaño y ubicación es muy variable y dependen de la región de la coraza y de la especie. Las placas tienen forma pentagonal y hexagonal.

Las placas de la coraza de los gliptodontes del género *Doedicurus* estaban unidas entre sí por suturas más flexibles que en los demás géneros, con excepción del *Neothoracophorus*. Por esta razón no se suelen encontrar corazas completas de estos animales.

El escudo cefálico está formado por pequeñas placas, en su mayor parte sueltas, de superficie irregular y con numerosas perforaciones vasculares.

Vista externa de una placa de la coraza dorsal de un gliptodonte del género *Doedicurus*.

La cola se compone de una sucesión de no más de seis o siete anillos semimóviles formados cada uno por dos o tres filas de placas más o menos rectangulares, de bordes muy irregulares, y con perforaciones parecidas a las que presentan las placas de la coraza dorsal. A estos anillos sigue un tubo caudal de gran tamaño y sumamente aplastado en sentido vertical. La parte anterior de este tubo se ensancha como la boca de un embudo para adaptarse al último anillo, luego su diámetro disminuye rápidamente hacia atrás y toma una forma casi cilíndrica para volver a ensancharse a veces de una manera extraordinaria en su parte posterior. Esta extremidad, ensanchada transversalmente y deprimida verticalmente, está adornada en los costados y sobre las partes laterales de las caras superior e inferior con algunas grandes verrugas elípticas, de borde elevado y de superficie muy rugosa y deprimida, en cuyo centro se levanta una prominencia con numerosas rugosidades, las que parten como radios desde ese centro hacia la periferia. Se supone que en estas verrugas se adaptaban fuertes tubérculos córneos espinosos. Estas grandes verrugas están acompañadas de otras más pequeñas, elípticas o casi circulares, de una estructura idéntica a la de las grandes.

En el género *Doedicurus*, el cráneo presenta los huesos nasales, frontales y parietales sobre un mismo plano casi horizontal, como en *Glyptodon*.

En 1921, Rusconi halló un esqueleto con la coraza de un gliptodonte del género *Doedicurus* en una excavación en la calle Asamblea entre José María Moreno y Del Barco Centenera, en las cercanías del Parque Chacabuco, y en 1936 descubrió restos muy fragmentarios de este género en Zelarrayán y Del Barco Centenera.

Las especies del género *Doedicurus* del Cuaternario bonaerense son *Doedicurus kokenianus* (Ensenadense y Bonaerense), *Doedicurus poucheti* (Bonaerense) y *Doedicurus clavicaudatus* (Lujanense).

La especie tipo del género es *Doedicurus clavicaudatus*, descripta por Owen en 1846 como *Glyptodon clavicaudatus*. Owen se basó en la extremidad de un tubo caudal cuya breve descripción no estuvo acompañada de una ilustración. Posteriormente, en 1880, Ameghino y Henri Gervais incluyeron a este gliptodonte en el género *Doedicurus* y fundaron la especie *Doedicurus uruguayensis* a partir de un tubo caudal obtenido por Nodot procedente de Uruguay. Lydekker, que poseía un molde de este ejemplar, lo pudo comparar con el espécimen tipo descripto por Owen, y llegó a la conclusión de que ambos tubos caudales pertenecían a la misma especie, con lo cual *Doedicurus uruguayensis* pasó a ser un sinónimo de *Doedicurus clavicaudatus*.

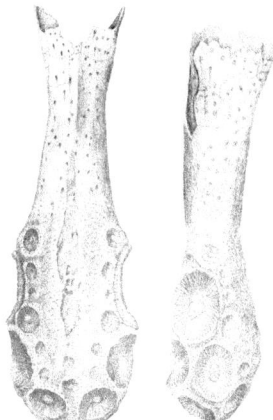

Vistas dorsal y lateral del extremo distal del tubo caudal de *Doedicurus clavicaudatus* (según Burmeister).

Lo que distingue al tubo caudal de esta especie (que mide entre 1,10 a algo más de 1,30 metros), además de sus grandes proporciones, es el ensanchamiento enorme de su parte posterior, cuyo diámetro transverso sobrepasa en más del doble el ancho que presenta el tubo en su parte más angosta, ubicada más o menos hacia la mitad de su largo. Este ensanchamiento empieza a acentuarse poco a poco, aumentando luego bruscamente en donde empieza el par de grandes verrugas laterales (el nombre específico de este gliptodonte hace referencia a la forma de clava del extremo ensanchado del tubo caudal). Toda la superficie del tubo que se extiende adelante de esta parte ensanchada es casi lisa, sin esculturas, pero con numerosas perforaciones vasculares pequeñas que aumentan de tamaño hacia adelante. La parte terminal del tubo caudal, ensanchada transversalmente y aplastada verticalmente, está adornada con diez enormes verrugas, de las cuales cuatro están en la superficie superior, otras cuatro en la inferior, y dos laterales, una a cada lado y situadas más adelante (más cerca de la coraza) que las anteriores. Las verrugas laterales, que empiezan con el ensanchamiento brusco de la parte con forma de clava, son de contorno elíptico, cóncavas, de fondo áspero y rugoso, y llegan a medir 25 centímetros de largo.

Los restos de gliptodontes de la especie *Doedicurus clavicaudatus* son frecuentes en sedimentos lujanenses de la provincia de Buenos Aires, habiéndose hallado en otras regiones del territorio argentino así como en la República Oriental del Uruguay y sur del Brasil.

En 1880, Henri Gervais y Ameghino fundaron la especie *Doedicurus poucheti* basándose en un tubo caudal depositado en el Museo de París. El nombre de esta especie es un homenaje al profesor J. Pouchet, de Francia. El tubo caudal de *Doedicurus poucheti*, aunque se encuentra deprimido en su parte superior como en *Doedicurus clavicaudatus*, se diferencia del de esta última especie en que es más cilíndrico, más pequeño (no superaba el metro), y bastante menos ensanchado en su parte posterior, en donde el diámetro transverso máximo no pasa de 25 centímetros y no excede en más del 50 por ciento al ancho del tubo en su parte más angosta, que se encuentra hacia la mitad de su longitud.

La especie *Doedicurus kokenianus*, dedicada al naturalista alemán Ernst Koken, fue fundada por Ameghino en 1889. De este gliptodonte se conoce gran parte del esqueleto. Las placas de la coraza de *Doedicurus kokenianus* son relativamente delgadas, con suturas sueltas y perforadas con grandes agujeros. El tubo caudal es muy largo (mide aproximadamente 1 metro) y poco grueso, con la extremidad claviforme menos ancha que en la especie *Doedicurus poucheti*.

Bibliografía

Ameghino, F. "*Contribución al conocimiento de los mamíferos fósiles de la República Argentina*". Actas de la Academia Nacional de Ciencias de la República Argentina en Córdoba, 6: 844-849. 1889.

Carlini, A. A., y Tonni, E. P. *Mamíferos fósiles del Paraguay*. Cooperación Técnica Paraguayo-Alemana. Proyecto Sistema Ambiental del Chaco. Proyecto Sistema Ambiental Región Oriental, La Plata, pp 16-17. 2000.

Pascual, R., et al. "Vertebrata", en Borrello, A. (editor). *Paleontografía bonaerense*, Comisión de Investigación Científica, La Plata, 4: 98. 1966.

Rusconi, C. "*Contribución al conocimiento de la geología de la Ciudad de Buenos Aires y sus alrededores y referencia de su fauna*". Actas de la Academia Nacional de Ciencias de la República Argentina, 10: 192 y 224. 1937.

Daedicuroides

En 1891 Ameghino fundó la especie *Doedicurus eguiae* a partir de un tubo caudal, la que en 1940 fue incluida por Alfredo Castellanos en un nuevo género, al que denominó *Daedicuroides*. El nombre de esta especie es un homenaje al coleccionista Manuel Eguía. El material que sirvió para describir este género proviene de sedimentos ensenadenses de las barrancas marítimas de Mar del Plata.

Extremidad del tubo caudal de *Daedicuroides eguiae* (según Lydekker).

La única especie de este género es *Daedicuroides eguiae*. Este gliptodonte, registrado en el Ensenadense, se caracteriza por un tubo caudal con la porción distal muy ensanchada, con el extremo terminado en punta, la que representa el vértice de un triángulo formado por la reunión de dos verrugas terminales. Las verrugas están muy excavadas y presentan un fondo muy cóncavo, rugoso y lateralmente radiado con estrías o grietas, que limitan mamelones en el fondo.

Bibliografía

Ameghino, F. "Mamíferos y aves fósiles argentinos, especies ...". *Revista Argentina de Historia Natural*, 1. 1891.

Castellanos, A. "*A propósito de los géneros Plohophorus, Nopachthus y Panochthus*". *Publicaciones del Instituto de Fisiografía y Geología*, Universidad Nacional del Litoral, VIII. 1940.

Lydekker. R. "*Los edentados extinguidos de la Argentina*". Anales del Museo de La Plata, 3: 3-67. 1894.

Pascual, R., et al. "Vertebrata", en Borrello, A. (editor). *Paleontografía bonaerense*, Comisión de Investigación Científica, La Plata, 4: 97. 1966.

Plaxhaplous

El género *Plaxhaplous* fue fundado en 1884 por Ameghino sobre placas de la coraza dorsal. Está caracterizado por poseer placas dorsales lisas, sin adornos externos y con agujeros como en el género *Doedicurus*, aunque no dispuestos en grupos. Estas características dieron origen al nombre, ya que *pláx*, significa superficie o tabla en griego, y *haplous*, sencillo. La coraza es menos esférica y no tan elevada como la del género *Doedicurus* y se asemeja más a la de *Sclerocalyptus*.

Placa del centro de la región dorsal de *Plaxhaplous canaliculatus* (según Ameghino).

La parte proximal del tubo caudal es comprimida, hacia la mitad es casi cilíndrica y el extremo distal, ensanchado, es fuertemente deprimido. Toda la superficie del tubo está adornada con figuras más o menos elíptico-cilíndricas fuertemente excavadas en el medio y rodeada cada una por una fila de agujeros periféricos de gran tamaño. Las figuras que cubren las caras superior e inferior son de tamaño moderado, pero las laterales son algo mayores y aumentan sus dimensiones gradualmente hacia atrás. La punta del extremo distal está cubierta por una pequeña cantidad de grandes verrugas con una disposición similar a la de *Doedicurus*.

Los gliptodontes del Cuaternario bonaerense de este género son *Plaxhaplous ensenadensis*, del Ensenadense, y *Plaxhaplous canaliculatus*, del Bonaerense y Lujanense.

Plaxhaplous canaliculatus es la especie tipo del género. Fue fundada por Ameghino en 1884 basándose en placas dorsales y laterales del caparazón de un animal de tamaño enorme, comparable a los del género *Doedicurus*, procedentes de las márgenes del río Luján, en el lugar denominado "Paso de la Virgen" de la ciudad de Luján.

La superficie externa de las placas de la coraza dorsal es un poco convexa y con un considerable número de agujeros, pero éstos no están dispuestos en grupos regulares como en las placas del género *Doedicurus*, ni tampoco perforan la coraza por completo. Estos agujeros están repartidos sin ningún orden sobre toda la superficie de las placas y presentan tamaños muy variados, de décimas de milímetro a 1,5 centímetros.

Las placas se encuentran fuertemente soldadas entre sí por suturas fijas muy fuertes, dispuestas en fajas transversales. La línea de sutura de cada faja transversal con la que sigue hacia atrás forma en la superficie externa una depresión transversal ancha y profunda, de fondo cóncavo, que corresponde a una prominencia de la superficie interna. Estas depresiones debían dar a la coraza un aspecto raro, sumamente distinto del que presentan los demás gliptodontes.

La especie *Plaxhaplous ensenadensis* fue fundada por Ameghino en 1904 a partir de la parte proximal de un tubo caudal y placas de la coraza procedentes del Ensenadense del puerto de La Plata. Esta especie se distingue por su tamaño excesivamente pequeño. Entre las placas de la coraza no se observan vestigios de suturas. La superficie externa de las placas es rugosa, con numerosas impresiones vasculares y perforaciones dispuestas de un modo irregular, que se pierden en el interior de la placa sin atravesarla hasta el lado opuesto.

Bibliografía

Ameghino, F. "*Excursiones geológicas y paleontológicas en la provincia de Buenos Aires*". Boletín de la Academia Nacional de Ciencias en Córdoba, 6: 199-200. 1884.

Ameghino, F. "*Contribución al conocimiento de los mamíferos fósiles de la República Argentina*". Actas de la Academia Nacional de Ciencias de la República Argentina en Córdoba, 6: 849-851. 1889.

Ameghino, F. "*Nuevas especies de mamíferos cretáceos y terciarios de la República Argentina*". Anales de la Sociedad Científica Argentina, 58: 288. 1904.

Castellanos, A. "A propósito de los géneros *Plohophorus, Nopachthus* y *Panochthus*". *Publicaciones del Instituto de Fisiografía y Geología*, Universidad Nacional del Litoral, 8: 411-416. 1940.

Pascual, R., et al. "Vertebrata", en Borrello, A. (editor). *Paleontografía bonaerense*, Comisión de Investigación Científica, La Plata, 4: 97. 1966.

Glyptodon

El género *Glyptodon* fue fundado por Owen en 1838 a partir de la especie *Glyptodon clavipes*. El espécimen tipo se halló en el río Matanza, partido de Cañuelas, provincia de Buenos Aires, y su esqueleto fue reconstruido en el Museo del Colegio de Cirujanos de Londres bajo la dirección de Owen.

Reconstrucción del gliptodonte *Glyptodon reticulatus* (según Carlini y Tonni).

La coraza dorsal es menos alargada, más gruesa y más esférica que en los otros géneros. Las placas que componen la coraza dorsal son muy gruesas, generalmente pentagonales o hexagonales, y en el centro de la coraza están unidas entre sí por fuertes suturas, pero por suturas más flexibles sobre los bordes laterales.

Cada placa lleva en la superficie externa una figura central poligonal, generalmente más grande que las figuras periféricas. Hay 6 ó 7 figuras periféricas por placa, dispuestas en una sola fila, con forma poligonal, y con sus superficies más o menos en un mismo plano. Las figuras periféricas concluyen sobre el mismo borde de la placa en una línea recta opuesta a la de la figura de la placa contigua, y constituyen una figura de mayor tamaño.

Sobre los flancos laterales, las placas se vuelven a menudo más grandes y más delgadas, y casi siempre de superficie externa más rugosa. Todas las placas en el centro de la coraza están dispuestas como las piezas de un mosaico, sin presentar una disposición bien definida en filas transversales como en *Panochthus*, pero en los costados se vuelven más rectangulares y se encuentran dispuestas en filas transversales.

Todo el borde de la coraza está formado por una fila de placas más gruesas y de forma completamente diferente, ya que en vez de ser planas y con figuras sobre la cara externa, toman la forma de grandes tubérculos más o menos cónicos, de superficie rugosa y articulados con la coraza únicamente por la base. Estos tubérculos son más grandes y más romos en el centro de la apertura cefálica, pero sobre los lados y en las esquinas inferiores toman la forma de mamelones cónico puntiagudos.

El casquete cefálico está formado por un gran número de pequeñas placas delgadas y deprimidas, generalmente con una sola figura plana en la superficie externa. Casi todas estas placas terminan en bordes delgados y generalmente sin suturas entre sí, lo que dificulta su reconstrucción.

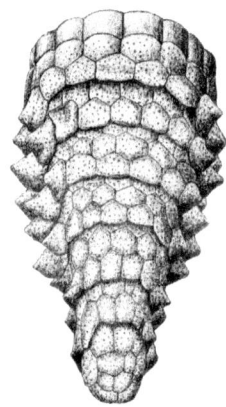

Cola de *Glyptodon reticulatus* vista desde abajo (según Burmeister).

La coraza caudal está constituida por 9 ó 10 anillos móviles que se adaptan los unos en los otros y disminuyen de tamaño del primero al último, formando una cola corta, de forma cónica, muy gruesa en su extremo proximal y que disminuye rápidamente de diámetro, terminando en el extremo distal en punta roma redondeada.

Los anillos anteriores son de contorno elíptico, con su diámetro mayor en dirección transversal, pero se vuelven más redondos hacia atrás, hasta que los últimos son casi perfectamente circulares.

El cráneo de *Glyptodon* es proporcionalmente más pequeño que el de *Panochthus* y de *Sclerocalyptus*, y la parte anterior menos prolongada hacia adelante y truncada verticalmente. La apertura nasal, en vez de ser baja, angosta y dirigida hacia abajo, es de gran tamaño, bastante elevada y dirigida hacia adelante. La superficie superior del cráneo tampoco es convexa como en

Panochthus y *Sclerocalyptus*, sino plana, y en ciertas partes deprimida, con los nasales, frontales y parietales colocados en un mismo plano horizontal, dando un aspecto característico.

Los descubrimientos realizados en la provincia de Córdoba por Adan Tauber y José Di Ronco demostraron que los gliptodontes poseían, además de la coraza dorsal, una coraza que cubría la región pubiana del vientre. Estas investigaciones fueron publicadas en 1999 en el Boletín de la Academia Nacional de Ciencias de Córdoba. Tauber y Di Ronco describieron dos especímenes de gliptodontes hallados en la provincia de Córdoba, excepcionalmente bien conservados, pertenecientes a la especie *Glyptodon reticulatus*. El ejemplar extraído de una cantera cercana a la ciudad de Córdoba poseía más de 130 placas ventrales, mientras que otro, descubierto en Santa Rosa de Calamuchita, poseía 311 placas. A diferencia de las placas del caparazón, que poseen una forma definida y están provistas de una ornamentación característica, las ventrales son irregulares, algunas con borde liso y otras con borde ondulado y sin ornamentación. Mientras que el caparazón de los gliptodontes era rígido, con las placas firmemente unidas entre sí, la coraza u escudo ventral era móvil.

En el año 2000, Andrés Rinderknecht, del Museo Nacional de Historia Natural de Montevideo, anunció en *Ameghiniana*, la revista de la Asociación Paleontológica Argentina, el hallazgo de unas placas óseas, (osteodermos) en las extremidades posteriores de un ejemplar del gliptodonte *Glyptodon clavipes*. El hallazgo de este gliptodonte se realizó en 1998 en las barrancas costeras del arroyo El Caño, ubicado en el departamento de Colonia, Uruguay. Los osteodermos descriptos por Rinderknecht no articulaban entre sí y su disposición en el fósil era irregular. El tamaño de estas estructuras óseas iba decreciendo hacia el extremo inferior del miembro posterior. Osteodermos es el nombre que reciben todas las estructuras óseas de origen dérmico (o mesectodérmico) como las placas de los caparazones, la de los pilosos como *Mylodon* y la de los armadillos.

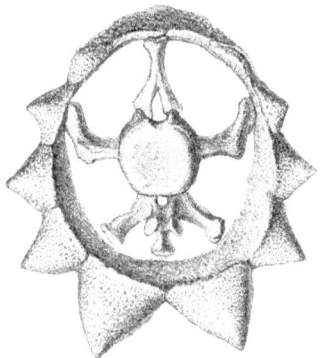

Anillo caudal de *Glyptodon reticulatus* visto por la cara posterior (según Ameghino).

El género más común entre los gliptodontes de Buenos Aires posiblemente fue *Glyptodon*, como sugieren los numerosos descubrimientos que realizó Rusconi en la Ciudad de Buenos Aires. Así, en 1920, halló una porción mandibular con un diente perteneciente a un gliptodonte de ese género en lo que se conocía como la "Loma de Chiclana", que estaba limitada por las calles Patagones, Muñiz y Treinta y Tres Orientales. Entre 1920 y 1927 descubrió restos muy mal conservados en la calle Los Patos, al sur del Parque Patricios; en 1921 en el Parque Chacabuco y, entre 1922 y 1926, extrajo gran parte de una coraza de *Glyptodon clavipes* con numerosos huesos de una barranca de la calle Tellier (hoy Lisandro de la Torre), a unos 20 metros al sur de la avenida Francisco Fernández de la Cruz. Rusconi, junto con Lucas Kraglievich y Lorenzo Parodi, visitaron la excavación de la estación Pueyrredón de la línea B de subterráneos y hallaron, a una profundidad de 12,8 a 14 metros, parte de la coraza de un gliptodonte que adjudicaron con dudas a la especie *Glyptodon munizi*. En 1934 encontró algunos fragmentos de placas en una excavación en General Guido y Agüero y también durante la excavación de la línea C de subterráneos, cerca de Plaza Monserrat. En 1935 halló más restos en la avenida de la Riestra y Lanza, en una excavación de Obras de Salubridad de la Nación. En ese mismo año, en una pequeña barranca en la calle Treinta y Tres Orientales, entre Gibson y Caseros, extrajo gran parte de una coraza. En 1936 halló algunas placas fragmentarias en avenida La Plata y la avenida Francisco Fernández de la Cruz.

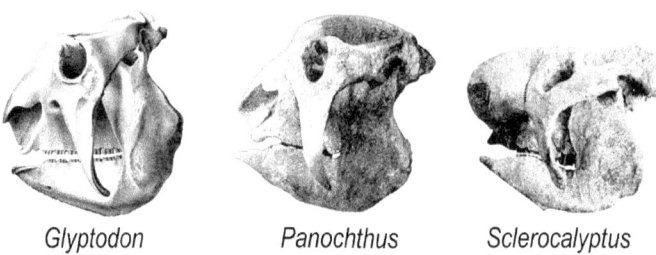

Glyptodon   *Panochthus*   *Sclerocalyptus*

Cráneos y mandíbulas de gliptodontes de los géneros *Glyptodon*, *Panochthus* y *Sclerocalyptus* (no están en la misma escala).

El 22 de mayo de 2000, durante las excavaciones para la ampliación de la línea B de subterráneos, a 700 metros de la estación Tronador y a 12 metros de profundidad, se halló el caparazón de un gliptodonte perteneciente a la especie *Glyptodon munizi*. Este caparazón fue extraído por personal del Museo Argentino de Ciencias Naturales "Bernardino Rivadavia", bajo la supervisión del paleontólogo Fernando Novas, y acondicionado por alumnos de la Facultad de Humanidades de la Universidad Nacional del Centro de la Provincia de Buenos Aires, dirigidos por su decano, el paleontólogo José Luis Prado. Este caparazón está exhibido en la Estación Tronador de la línea B de subterráneos. En junio de 2001, en la misma excavación, se halló otro caparazón de *Glyptodon munizi* –menos completo que el anterior– a más de 10 metros de profundidad, que fue extraído por el equipo supervisado por Prado.

Las especies del Cuaternario bonaerense son *Glyptodon principalis* (Ensenadense), *Glyptodon gemmatum* (Ensenadense), *Glyptodon laevis* (Ensenadense), *Glyptodon munizi* (Ensenadense), *Glyptodon clavipes* (Bonaerense y Lujanense), *Glyptodon reticulatus* (Bonaerense y Lujanense) y *Glyptodon perforatus* (Lujanense).

Glyptodon clavipes es la especie tipo del género y, como se dijo anteriormente, fue fundada por Owen en 1838. La coraza de *Glyptodon clavipes* es relativamente pequeña comparada con las de otros gliptodontes y de una forma oval y semicilíndrica. La coraza del ejemplar del Museo del Colegio de Cirujanos de Londres, según Owen, mide 1,42 metro de largo medida en línea recta por 0,978 metro de diámetro transverso máximo.

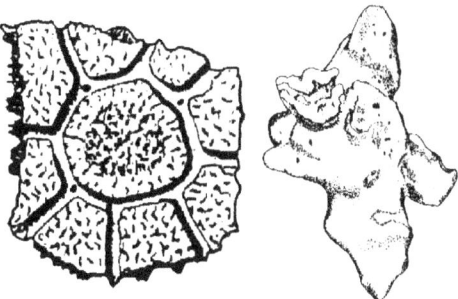

Placas de las corazas dorsal (izquierda) y ventral (derecha) de *Glyptodon reticulatus* (según Tauber y Di Ronco).

Las placas de la coraza llevan sobre la superficie externa una figura central grande, casi pentagonal o casi circular, rodeada de cinco o seis figuras más pequeñas, unas y otras rugosas, pero particularmente las periféricas. En las partes periféricas de la coraza, la figura central de cada placa es no sólo más grande sino también más elevada y con sus bordes que se levantan a un nivel algo mayor que el de las figuras periféricas. Esta figura central es constantemente excavada en el centro, en donde forma una depresión cóncava muy acentuada, mientras que las figuras periféricas son planas o casi planas, pero unas y otras de superficie relativamente lisa, con puntuaciones simples que no forman asperezas. Los surcos que separan las figuras son anchos y poco profundos, y las placas relativamente grandes pero no muy gruesas. Las placas terminan en forma de tubérculos cónicos que constituyen el borde de la coraza.

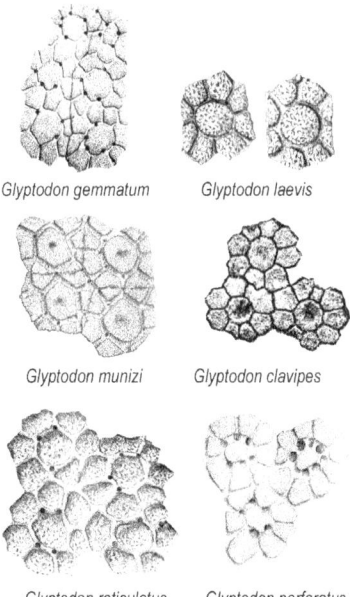

Glyptodon gemmatum   Glyptodon laevis

Glyptodon munizi   Glyptodon clavipes

Glyptodon reticulatus   Glyptodon perforatus

Placas de la coraza ventral de algunos gliptodontes del género *Glyptodon* (no están en la misma escala).

La especie *Glyptodon principalis* fue fundada en 1880 por Henri Gervais y Ameghino basándose en restos hallados en los alrededores de Montevideo. Por el tamaño de las placas (de acuerdo a Ameghino el espesor medio es de 4,3 centímetros), *Glyptodon principalis* habría sido un gliptodonte de dimensiones gigantescas. Los restos de este gliptodonte se descubrieron también en las toscas del Río de la Plata.

La especie *Glyptodon gemmatum* fue fundada por Nodot en 1857, basándose en los restos depositados en el Museo de París y procedentes de los alrededores de Buenos Aires. *Glyptodon gemmatum* difiere considerablemente de las otras especies del género *Glyptodon* por presentar en el borde de la apertura caudal una doble fila de tubérculos cónicos. Esta doble fila de tubérculos cónicos se presentan inmediatamente adelante de los que forman el borde marginal, con los que se articulan, pero son un poco más pequeños que los posteriores, algo más circulares, menos cónicos y más globulosos. Otra característica de esta especie es la forma particular de la figura central de cada placa, que es siempre convexa y globosa.

La especie *Glyptodon laevis* fue fundada por Burmeister en 1866, basándose en una coraza incompleta hallada por el ingeniero en minas francés Auguste Bravard en su viaje a Bahía Blanca. Esta especie se distingue por la coraza muy convexa y aglobada en el medio, más todavía que en *Glyptodon reticulatus*, lo que le da un aspecto casi completamente esférico. Los surcos que separan las figuras son relativamente anchos y no muy profundos, de fondo casi liso, y con algunas perforaciones pilíferas muy pequeñas en el fondo de los surcos que delimitan las figuras centrales. Todos los tubérculos cónicos que forman el borde de la coraza y los anillos de la cola son igualmente lisos, de superficie simplemente puntuada, pero más puntiagudas que en las otras especies del mismo género. La longitud de la coraza, según Burmeister, es de 1,59 metro (medida en línea recta), el diámetro transverso máximo de 1,28 metro y la longitud de la cola 0,6 metro.

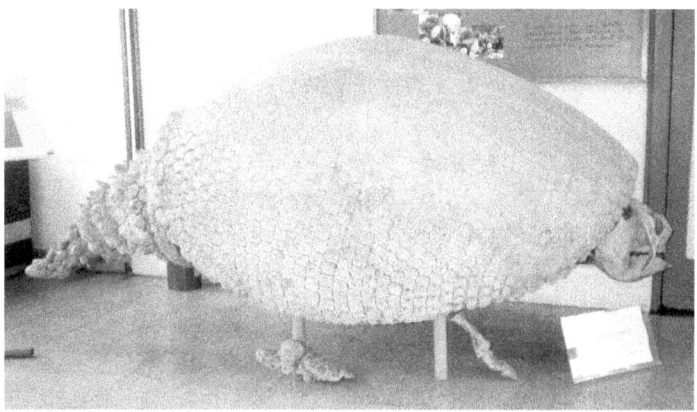

Ejemplar de la especie *Glyptodon munizi* expuesto en el Museo Municipal de Ciencias Naturales "Lorenzo Scaglia" de Mar del Plata. El cráneo, la mandíbula y las extremidades son réplicas de otras especies (foto Ricardo Pasquali).

La especie *Glyptodon munizi* fue fundada por Ameghino, quien la mencionó por primera vez en 1881 en su obra "La antigüedad del hombre en el Plata". El nombre de esta especie es un homenaje al médico y naturalista Francisco Javier Muñiz. Estos gliptodontes eran de gran tamaño, por lo menos iguales a los de la especie *Glyptodon reticulatus*, pero la forma de la coraza es muy distinta, pues en vez de ser globosa y casi esférica como en ésta, es mucho más alargada, oblongo-ovalada, y relativamente angosta, pareciéndose en su forma general a la del *Glyptodon clavipes*. Las placas de la coraza son relativamente pequeñas, pero muy gruesas. La figura central de cada placa es mucho más grande que las periféricas; de forma poligonal, a veces con ángulos muy marcados, pero otras veces con una tendencia a una forma casi circular. Las figuras periféricas son siempre mucho más pequeñas, poligonales y angulosas, y de superficie no más baja que la de la figura central. La superficie de todas las figuras es muy rugosa y áspera, casi tanto como en *Glyptodon reticulatus*, pero se distingue netamente de esta especie por la figura central de cada placa, cuyo centro es excavado, formando como un hoyo a menudo profundo, aunque a veces está reemplazado por una depresión menos marcada y de mayor extensión, pero siempre de superficie muy rugosa. La característica de presentar la superficie de las placas sumamente áspera y rugosa distingue esta especie de *Glyptodon clavipes,* cuya superficie es casi lisa.

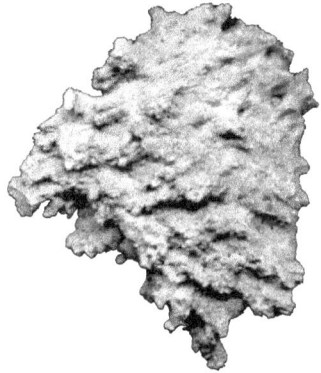

Placa ventral de *Glyptodon munizi* (Foto Ricardo Pasquali).

Los restos de este gliptodonte se hallaron en las barrancas del Paraná (provincia de Buenos Aires), en las toscas del Río de la Plata y en las excavaciones del puerto de La Plata. A fines de 2003, personal del Museo Paleontológico Municipal "Fray Manuel de Torres" de San Pedro, provincia de Buenos Aires, descubrió en una cantera de esa localidad fragmentos del caparazón dorsal de *Glyptodon munizi* (principalmente de la zona cercana a los bordes), una parte importante del esqueleto, incluido el cráneo, la mandíbula y el aparato hioideo, y placas que formaban parte de la coraza ventral, además de pequeños osteodermos ubicados en la zona de las mejillas.

La especie *Glyptodon reticulatus* fue fundada por Owen en 1845. Se distingue por su gran tamaño y por tener una coraza menos alargada y mucho más globosa hacia el centro, afectando una forma mucho más esférica que en *Glyptodon clavipes*. Las placas de la coraza son relativamente más pequeñas que las de *Glyptodon clavipes*, pero más gruesas, con un espesor hacia el centro que puede superar los 4 centímetros. En el centro del dorso de la coraza, la figura central de cada placa es casi de la misma forma y tamaño que las periféricas, de manera que se vuelve difícil distinguir el límite de las placas.

De acuerdo con Burmeister, la longitud de la coraza de *Glyptodon reticulatus*, medida en línea recta, es de 1,65 metro, y su ancho 1,18 metro. El largo de la cola es de 0,8 metro. Los restos de esta especie se encuentran con frecuencia en toda la llanura argentina y en Uruguay.

La especie *Glyptodon perforatus* fue descripta por Ameghino en 1883. Es una de las especies del género *Glyptodon* de mayor tamaño y se caracteriza por la forma de la coraza, que es aún más esférica que la de *Glyptodon reticulatus*, y por su escultura externa.

Cada placa del centro de la coraza lleva sobre la cara externa una figura central angulosa, rodeada generalmente por cuatro figuras igualmente angulosas y casi siempre del mismo tamaño que la figura central. La superficie de estas figuras es poco rugosa, casi lisa, generalmente un poco convexa en el medio. Las figuras están separadas por surcos profundos y angulosos, con un aspecto reticular. En el fondo del surco que rodea a la figura central y en los puntos de convergencia de los surcos radiales existen un cierto número de perforaciones, que varían de 2 a 6, de gran tamaño, profundas y de fondo cóncavo. Las mayores de estas perforaciones, a las que hace referencia el nombre de esta especie, tienen hasta 7 a 9 milímetros de diámetro y penetran en parte en la figura central, cuya superficie en algunas placas es absorbida casi completamente por estas perforaciones.

Bibliografía

Ameghino, F. "*Contribución al conocimiento de los mamíferos fósiles de la República Argentina*". Actas de la Academia Nacional de Ciencias de la República Argentina en Córdoba, 6: 775-790. 1889.

Carlini, A. A., y Tonni, E. P. *Mamíferos fósiles del Paraguay*. Cooperación Técnica Paraguayo-Alemana. Proyecto Sistema Ambiental del Chaco. Proyecto Sistema Ambiental Región Oriental, La Plata, pp 18-19. 2000.

Pascual, R., *et al*. "Vertebrata", en Borrello, A. (editor). *Paleontografía bonaerense*, Comisión de Investigación Científica, La Plata, 4: 99-100. 1966.

Rinderknecht, A. "La presencia de osteodermos en las extremidades posteriores de *Glyptodon clavipes* Owen, 1839 (Mammalia: Cingulata)". *Ameghiniana*, 37 (3): 369-373. 2000.

Rusconi, C. "*Contribución al conocimiento de la geología de la Ciudad de Buenos Aires y sus alrededores y referencia de su fauna*". Actas de la Academia Nacional de Ciencias de la República Argentina, 10: 189, 191, 192, 193, 197, 215, 218, 219 y 222. 1937.

Armadillos

Todos los armadillos del Cuaternario pertenecen a la familia de los dasipódidos o Dasypodidae. La otra familia es la de los peltefílidos (Peltephilidae), integrada por ciertos armadillos del Terciario que tenían dientes en la parte anterior de los maxilares y unas excrecencias similares a cuernos en la región nasal.

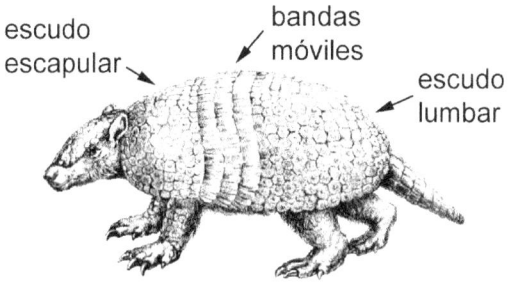

Zonas del caparazón de los armadillos dasipódidos.

El caparazón de los armadillos está formado por dos escudos rígidos, denominados escapular (en la parte anterior) y lumbar o pelviano (en la parte posterior), que están separados por un cierto número de bandas móviles. Algunos armadillos carecen en su caparazón del escudo del escudo escapular.

Los escudos escapular y lumbar están formados por placas generalmente pentagonales o hexagonales unidas por suturas como en los gliptodontes. Estas placas poseen en su cara externa, al igual que las placas de las bandas móviles, esculturas o dibujos característicos para cada género.

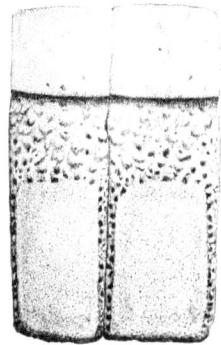

Dos placas de una de las bandas móviles del armadillo gigante *Pampatherium typum* (según Ameghino).

Cada banda móvil está compuesta de una sola fila de placas rectangulares, largas y angostas, cuya parte anterior pasa por debajo de la parte posterior de las placas de la fila que la precede hacia adelante.

Al igual que los gliptodontes, los armadillos poseen un casquete cefálico. La cola está envuelta de una coraza, que puede ser anillada o formada por placas imbricadas (sobrepuestas) o formadas por tubérculos.

El cráneo de los armadillos no es corto y truncado adelante como en los gliptodontes, sino alargado y puntiagudo. Las órbitas son abiertas atrás y los arcos cigomáticos no son muy fuertes pero siempre completos y sin la apófisis descendente que distingue a los gliptodontes.

Los dientes son relativamente pequeños y bien separados unos de otros, generalmente cónico-cilíndricos y muy raramente elípticos. Los dasipódidos poseen, por lo menos, 5 dientes a cada lado del maxilar superior y 7 en cada rama mandibular.

Los géneros registrados en el Cuaternario de Buenos Aires y que poseen representantes actuales son *Chaetophractus*, *Zaedyus*, *Euphractus*, *Dasypus*, *Tolypeutes* y *Chlamyphorus*. Los géneros *Eutatus*, *Propraopus* y *Pampatherium*, en cambio, corresponden exclusivamente a especies extinguidas y de gran tamaño.

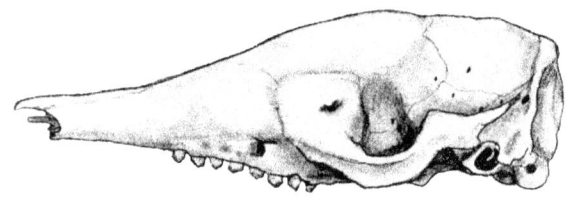

Cráneo del armadillo de nueve bandas *Dasypus novemcinctus* (según Gilbert).

El género *Chaetophractus* fue fundado por el austríaco Leopold Fitzinger en 1871. Incluye a armadillos de tamaño mediano cuyo caparazón está formado por los escudos escapular y pelviano, además de 6 ó 7 bandas móviles. El nombre del género posiblemente deriva del griego *chaite*, que significa cabellera larga, debido a la vellosidad presente en el caparazón de estos animales, y *phragmós*, defensa, fortificación. Las especies registradas en el Cuaternario bonaerense son *Chaetophractus villosus*, conocido como peludo (todo el Cuaternario) y *Chaetophractus vellerosus*, al que se denomina quirquincho peludo y piche llorón (actual).

El género *Zaedyus*, fundado por Ameghino en 1889, incluye a armadillos de talla pequeña cuyo caparazón posee los escudos escapular y pelviano diferenciados y siete bandas móviles. Las especies del Cuaternario bonaerense son *Zaedyus minimus* (Bonaerense y Lujanense) y *Zaedyus pichiy*, conocido como piche, pichi o piche de orejas cortas (todo el Cuaternario). Los restos fósiles de armadillos de esta última especie en un sedimento indican que en el momento en que se depositó reinaban condiciones climáticas áridas y frías.

El género *Euphractus* (del griego *eu*, buen, verdaderamente, y *phragmós*, defensa, fortificación) fue fundado por el alemán Johann Wagler en 1830 basándose en la especie actual *Dasypus sexcintus*, descripta por Linné (o Linneo) en 1758. El caparazón posee ambos escudos diferenciados y, en general, seis bandas móviles. La única especie de este género es *Euphractus sexcinctus*, que actualmente habita en el norte de la Argentina y en gran parte de América del Sur. En la provincia de Buenos Aires se registra en el Ensenadense, el Bonaerense y posiblemente en el Lujanense. El nombre vulgar de esta especie es quirquinchos de seis bandas.

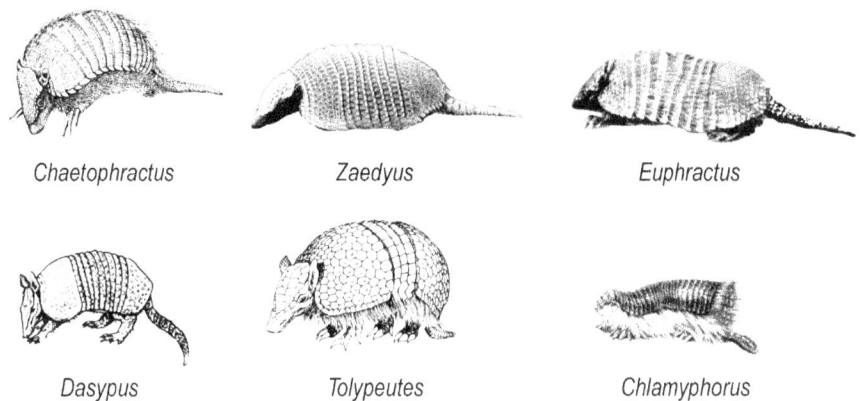

Géneros de dasipódidos del Cuaternario bonaerense con representantes actuales (no están en la misma escala).

El género *Dasypus* fue fundado por Linneo en 1758. Incluye a armadillos de talla mediana, con un caparazón muy convexo que contiene entre 5 y 9 bandas móviles. El nombre del género deriva del griego *dasys*, que significa velludo, ya que en ese género se había incluido al peludo (*Chaetophractus villosus*). La única especie del Cuaternario bonaerense es *Dasypus hybridus* (mulita), que se registra desde el Lujanense a la actualidad. Los restos fósiles de armadillos de esta especie en un sedimento indican que en el momento en que se depositó reinaban condiciones climáticas húmedas y templadas.

El género *Tolypeutes* fue fundado en 1811 por el alemán Johann Illiger y su nombre deriva del griego *tolype*, que significa pelota, ya que este armadillo toma la forma esférica cuando se encuentra en posición defensiva. La coraza dorsal está formada por dos grandes escudos separados por sólo tres bandas móviles, que son las que permiten que la coraza tome la forma de una bola. Los restos fósiles de armadillos del género *Tolypeutes* en un sedimento indican condiciones climáticas áridas y cálidas en el momento de su formación. Las especies del Cuaternario bonaerense son *Tolypeutes matacus* (Bonaerense a la actualidad) y *Tolypeutes pampaeus* (Ensenadense). A la especie *Tolypeutes matacus* se la conoce como quirquincho mataco o quirquincho bola.

El género *Chlamyphorus*, fundado por el estadounidense Richard Harlan en 1825, comprende a un grupo de armadillos conocidos vulgarmente como pichiciegos. El nombre del género deriva del griego *chlamys*, que significa clámide (capa o manto sin mangas que usaron en la antigüedad los griegos y romanos) y *phoréo*, llevar sobre sí, ya que el caparazón parece un manto en lugar de una armadura. Estos armadillos son de talla muy pequeña. El caparazón y el casquete cefálico forman un solo conjunto y están limitados entre sí por dos hileras de placas más grandes e irregulares. El caparazón está formado por bandas móviles, de placas cuadradas y sin esculturas, con un orificio pilífero. El escudo lumbar es vertical y está soldado a la pelvis. Está formado por cinco filas de placas ovaladas. La cola es acorazada en toda su extensión y termina en un extremo ancho y deprimido perpendicularmente. La única especie del Cuaternario bonaerense es *Chlamyphorus truncatus* (pichiciego), que se registra en el Bonaerense y en la actualidad.

Los armadillos gigantes del cuaternario bonaerense

Durante las edades Ensenadense, Bonaerense y Lujanense vivieron en Buenos Aires armadillos gigantes de talla similar o superior a la del actual tatú carreta que, como se dijo antes, están incluidos en los géneros *Eutatus*, *Propraopus* y *Pampatherium*.

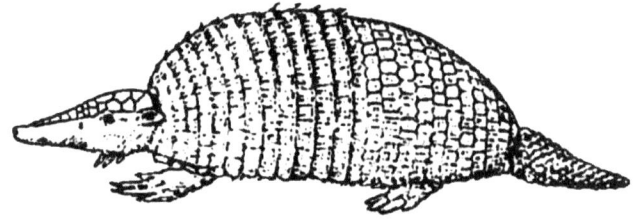

Reconstrucción del armadillo gigante *Eutatus seguini* (según Parodi).

Eutatus

El género *Eutatus* (del griego *eu*, buen, verdaderamente, y del guaraní *tatú*, armadillo) fue fundado por Paul Gervais en 1867. Corresponde a armadillos de talla robusta, con hasta 33 bandas móviles que cubren los dos tercios del caparazón. El escudo escapular está representada por una región triangular ubicada antero-lateralmente.

El cráneo posee un hocico alargado con un gran desarrollo de los nasales, que llegan a casi la mitad de la longitud total del cráneo. Los arcos cigomáticos presentan una ligera excrecencia hacia abajo. Posee 9 dientes a cada lado del maxilar superior y 9 ó 10 en cada rama de la mandíbula.

La única especie registrada en el Cuaternario bonaerense es *Eutatus seguini* (Ensenadense, Bonaerense y Lujanense).

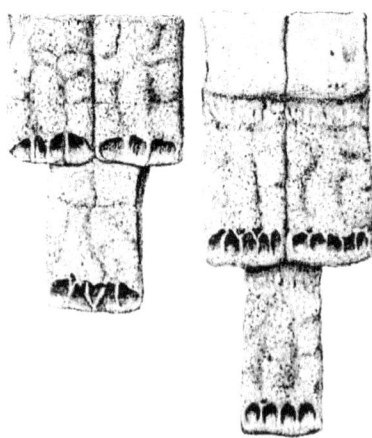

Placas del escudo pelviano (izquierda) y de las bandas móviles (derecha) de *Eutatus seguini* (según Ameghino).

Eutatus seguini, la especie tipo del género, incluye a armadillos de gran tamaño, mayor aún que el del tatú carreta (*Priodontes maximus*). El nombre de la especie es un homenaje a un francés coleccionista de fósiles, llamado François Séguin, que hizo varios hallazgos paleontológicos en la provincia de Santa Fe.

El cráneo mide 26 centímetros de largo y 11 centímetros de ancho transverso máximo. El maxilar superior tiene 9 dientes a cada lado, de sección más o menos elíptica, muy parecidos entre sí. La mandíbula posee 10 dientes en cada rama, de los cuales el anterior es mucho más pequeño que los demás.

Las placas del escudo pélvico son rectangulares, de 2 a 2,5 centímetros de largo por 1,2 a 1,5 centímetros de ancho, con la figura central poco acentuada y sin perforaciones en su parte superior o apenas visibles. El borde posterior lleva 3 ó 4 perforaciones de gran tamaño.

Las placas de las bandas móviles miden entre 3,5 y 4,5 centímetros de largo por 1,1 a 1,3 centímetros de ancho, con la figura central poco marcada y también sin perforaciones en el fondo de la parte anterior del surco que delimita dicha figura, o bien apenas visibles. Los agujeros del borde posterior son muy grandes.

Caparazón dorsal y escudo cefálico de un armadillo del género *Eutatus* (Museo Paleontológico Municipal de Valencia, España).

Un estudio realizado por Sergio Vizcaíno y Susana Bargo, de la Facultad de Ciencias Naturales y Museo de la Universidad Nacional de La Plata, demostró que las características del aparato masticatorio de los armadillos de la especie *Eutatus seguini* se asemejan a las de ciertos animales ramoneadores de tamaño moderado, como algunos ciervos y antílopes, pero son diferentes a las de los caballos y vacas. Esto sugiere que este animal era principalmente ramoneador, adaptado a alimentarse de una variedad de materiales vegetales tales como hojas y brotes, y posiblemente también de algunos pastos.

Rusconi realizó varios hallazgos de restos de *Eutatus seguini* en la Ciudad de Buenos Aires. Como se mencionó al describir el género *Sclerocalyptus*, en una barranca de la calle Quintino Bocayuva entre la avenida Pavón y Tarija descubrió en 1923 tres corazas ubicadas en posición invertida, una de las cuales era de *Eutatus seguni*. Entre 1922 y 1926 colectó varios fósiles en la barranca del río Matanza, en las proximidades del viejo Puente de la Noria. Así, en una capa ensenadense que forma el lecho del río, Parodi extrajo un calcáneo de *Eutatus seguni*, además de restos de un perezoso gigante que adjudicó al género *Scelidotherium*, un cánido, placas de *Sclerocalyptus* y una porción humeral de mesoterio (*Mesotherium cristatum*), un fósil característico del Ensenadense. En 1931, en las excavaciones destinadas al emplazamiento del Mercado de Abasto, observó la extracción de varios fósiles de sedimentos ensenadenses ubicados a una profundidad de 14 metros. Entre estos había un paladar de *Eutatus seguini*, varios restos de *Sclerocalyptus ornatus*, de un perezoso que adjudicó al género *Scelidotherium*, un caballo, una macrauquenia, un ciervo, dos vizcachas y un cráneo casi completo de *Mesotherium cristatum* con la mandíbula, el axis y otros huesos.

Bibliografía

Ameghino, F. "*Contribución al conocimiento de los mamíferos fósiles de la República Argentina*". Actas de la Academia Nacional de Ciencias de la República Argentina en Córdoba, 6: 871-874. 1889.

Bordas, A. F. 1933. "*Notas sobre los Eutatinae. Nueva subfamilia extinguida de Dasypodidae*". Anales del Museo Nacional de Historia Natural, Paleontología: Vertebrados 37 (65): 583-614.

Pascual, R., et al. "Vertebrata", en Borrello, A. (editor). *Paleontografía bonaerense*, Comisión de Investigación Científica, La Plata, 4: 79-80. 1966.

Rusconi, C. "*Contribución al conocimiento de la geología de la Ciudad de Buenos Aires y sus alrededores y referencia de su fauna*". Actas de la Academia Nacional de Ciencias de la República Argentina, 10: 189, 190, 192, 193, 195, 196, 204, 205, 206 y 222. 1937.

Propraopus

La primera mención al género *Propraopus*, y de la especie *Propraopus grandis*, la realizó Ameghino en 1881 en "La antigüedad del hombre en el Plata". Este género incluye a armadillos de talla grande, con el caparazón alargado y estrecho, muy convexo y con no menos de 9 bandas móviles.

Las placas de los escudos son hexagonales o pentagonales, con escultura central baja en la parte anterior y alta en la posterior, y con dos o tres figuras periféricas en la parte anterior. El surco que rodea a la figura central posee algunos orificios. La figura o escultura central es de gran tamaño, de contorno poligonal, algo convexa, de superficie casi completamente lisa.

Reconstrucción del armadillo gigante *Propraopus grandis*.

Las placas de las bandas móviles son alargadas y gruesas, con dos surcos que nacen muy juntos uno del otro y se dirigen en forma divergente hacia el borde posterior de la placa, limitando una figura más o menos triangular cuya base abarca casi todo el borde posterior, donde se abren algunos orificios pilíferos. En el fondo de los surcos hay orificios nutricios.

El cráneo es alargado y estrecho, aproximadamente cilíndrico. Los arcos cigomáticos nacen muy atrás, después del último diente. Posee 8 dientes a cada lado del maxilar superior y 8 ó 9 en cada rama mandibular.

La única especie del Cuaternario bonaerense es *Propraopus grandis*, registrada en el Ensenadense, Bonaerense y Lujanense.

Propraopus grandis es la especie tipo del género. El caparazón de estos armadillos mide entre 70 y 75 centímetros de largo. El largo total, incluyendo la cabeza y la cola, debió superar 1,2 metro.

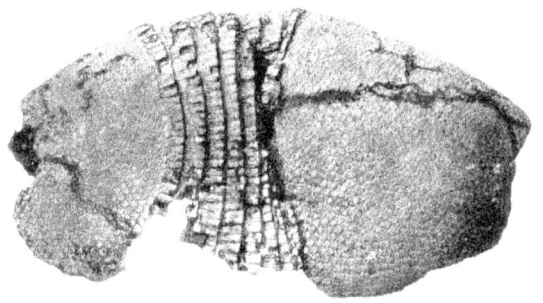

Caparazón de *Propraopus grandis* (según Lydekker).

Las placas más grandes de las bandas móviles llegan a medir cerca de 8 centímetros de largo y 1,4 a 1,5 centímetro de ancho. La parte anterior, lisa y con forma de tecla, ocupa generalmente casi la mitad del largo total de la placa. La otra mitad, la posterior, presenta en su superficie dos surcos bastante profundos que parten de la depresión transversal que separa la parte anterior de la posterior.

El escudo escapular está compuesto de placas hexagonales unidas por suturas muy sueltas. Cada placa tiene una figura central más o menos circular limitada por un surco profundo y rodeada por tres o cuatro figuras periféricas colocadas en la parte anterior y lateral de las placas, que tienen un diámetro comprendido entre 9 y 10 milímetros y sólo 2 a 3 milímetros de espesor. Las placas del escudo lumbar también son pentagonales o hexagonales, de tamaño un poco mayor. Las placas de la región central de este escudo tienen 1,3 centímetro de largo por 1,1 a 1,2 centímetro de ancho, con la figura central más o menos circular, de 0,8 a 0,9 centímetro de diámetro, más deprimidas que en las placas del escudo escapular y con las figuras periféricas más pequeñas pero más salientes.

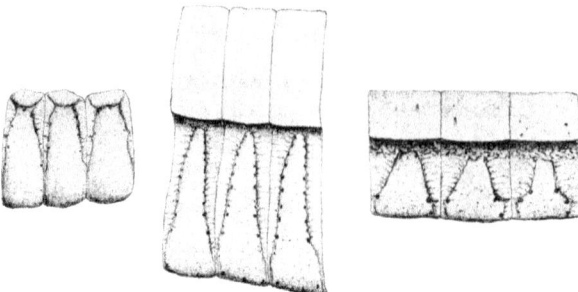

Placa de la primera banda móvil (izquierda), placas de una de las bandas transversales móviles intermedias (centro) y placas de una de las últimas bandas transversales móviles (derecha) de *Propraopus grandis* (según Ameghino).

El tamaño de este armadillo es similar al de *Eutatus seguini*.

Ameghino halló restos de *Propraopus grandis* en Mercedes, en la laguna de Lobos, en La Plata, en las toscas del Río de la Plata y en los alrededores de la ciudad de Córdoba. Parodi efectuó un solo hallazgo en la Ciudad de Buenos Aires, en el sitio mencionado anteriormente de la calle Quintino Bocayuva entre la avenida Pavón y Tarija. Posiblemente este armadillo no era tan abundante como *Eutatus seguini*.

Bibliografía

Ameghino, F. "*Contribución al conocimiento de los mamíferos fósiles de la República Argentina*". Actas de la Academia Nacional de Ciencias de la República Argentina en Córdoba, 6: 862-863. 1889.

Carlini, A. A., y Tonni, E. P. *Mamíferos fósiles del Paraguay*. Cooperación Técnica Paraguayo-Alemana. Proyecto Sistema Ambiental del Chaco. Proyecto Sistema Ambiental Región Oriental, La Plata, pp 30-31. 2000.

Pascual, R., et al. "Vertebrata", en Borrello, A. (editor). *Paleontografía bonaerense*, Comisión de Investigación Científica, La Plata, 4: 82. 1966.

Rusconi, C. "*Contribución al conocimiento de la geología de la Ciudad de Buenos Aires y sus alrededores y referencia de su fauna*". Actas de la Academia Nacional de Ciencias de la República Argentina, 10: 190. 1937.

Pampatherium

El género *Pampatherium* fue fundado por Ameghino en 1875 y su nombre deriva del griego *therós*, que significa animal. Por lo tanto, el nombre de este género equivale a "animal de las pampas". Incluye a armadillos de talla grande, algunos comparables a *Glyptodon*, con ambos escudos diferenciados, de los que el escapular es corto y el lumbar largo. El caparazón posee pocas bandas móviles. Las placas son grandes, con una amplia figura central casi plana y finamente punteada. Algunos paleontólogos incluyen a los pampaterios en una familia propia, Pampatheriidae, independiente de los Dasypodidae

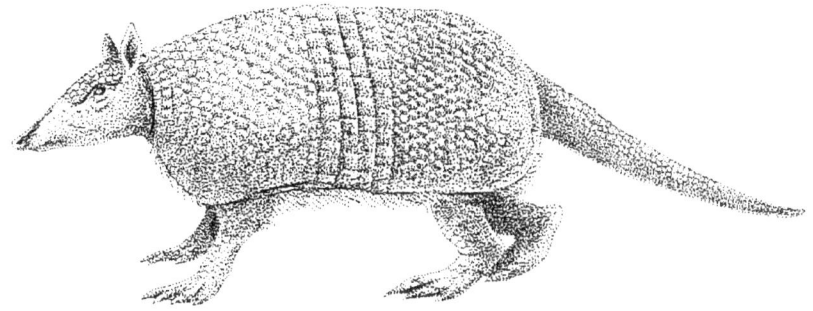

Reconstrucción de un armadillo de la especie *Pampatherium typum*.

El cráneo es alargado, algo aplanado y proporcionalmente ancho, con el rostro algo aguzado. Posee 9 dientes a cada lado del maxilar superior y de la mandíbula. Los tres primeros dientes son de sección ovalada y los demás bilobulados.

La única especie del género registrada en el Cuaternario bonaerense es *Pampatherium typum*, del Ensenadense, que es la especie tipo del género.

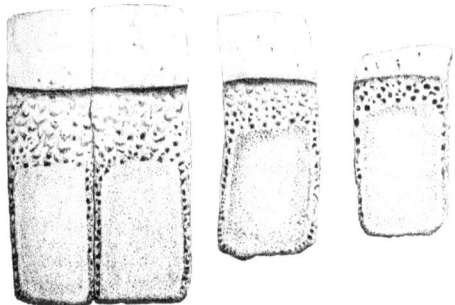

Placas de las bandas móviles de *Pampatherium typum* (según Ameghino).

Las placas del escudo escapular son hexagonales y pentagonales, tienen un diámetro de 3 a 4 centímetros y sólo 5 a 7 milímetros de espesor. Las placas de la parte posterior del mismo escudo son rectangulares, de 4 a 6 centímetros de largo y 2 a 2,5 centímetros de ancho. Las placas más grandes de toda la coraza son las de los anillos móviles, entre las que hay de 9 a 10 centímetros de largo y 3 centímetros de ancho, pero la mayor parte son un poco más pequeñas. Estas grandes placas tienen una parte anterior lisa, que es la que penetra debajo de la parte posterior de la placa que la precede, una zona transversal rugosa y luego la parte posterior rectangular de la misma forma que las placas precedentes, pero con la parte posterior siempre muy delgada.

Bibliografía

Ameghino, F. "*Contribución al conocimiento de los mamíferos fósiles de la República Argentina*". Actas de la Academia Nacional de Ciencias de la República Argentina en Córdoba, 6: 854-859. 1889.

Carlini, A. A., y Tonni, E. P. *Mamíferos fósiles del Paraguay.* Cooperación Técnica Paraguayo-Alemana. Proyecto Sistema Ambiental del Chaco. Proyecto Sistema Ambiental Región Oriental, La Plata, pp 26-27. 2000.

Pascual, R., *et al.* "Vertebrata", en Borrello, A. (editor). *Paleontografía bonaerense*, Comisión de Investigación Científica, La Plata, 4: 84. 1966.

Los Grandes Perezosos Terrestres

Además de los gliptodontes y armadillos, el otro grupo de edentados es el de los pilosos o tardígrados, integrado por los perezosos arborícolas y los grandes perezosos terrestres. El nombre de este grupo, fundado por el británico Sir William Henry Flower en 1883, se debe a que la piel de los perezosos arborícolas actuales, y con seguridad de algunos perezosos terrestres extinguidos, está cubierta de pelo espeso. El término tardígrado proviene del latín *tardigradus*, que significa de andar lento.

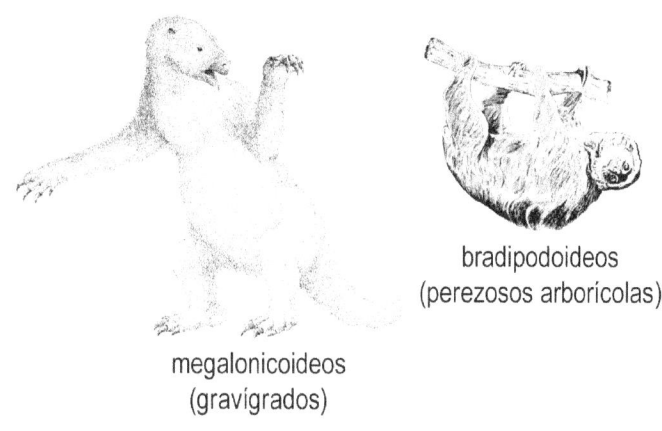

Clasificación de los edentados pilosos o tardígrados.

El grupo de los tardígrados a su vez se subdivide en el de los gravígrados (del latín *gravis*, pesado) o megalonicoideos, que incluye a los perezosos terrestres gigantes, y el de los bradipodoideos (del griego *bradys*, lento) o perezosos arborícolas. Este último grupo no se registra en el Cuaternario de Buenos Aires.

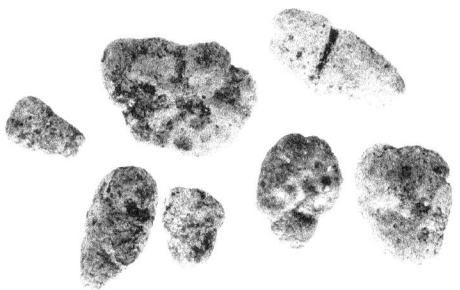

Osteodermos de un tardígrado del género *Glossotherium*.

Los gravígrados están desprovistos de un caparazón óseo, aunque pueden tener vestigios de éste en forma de nódulos óseos subcutáneos conocidos como osteodermos.

El cráneo es más bien cilíndrico, con la parte anterior generalmente truncada, con una abertura nasal muy ancha y limitada por los huesos maxilares y nasales. El arco cigomático está abierto (excepto en el género *Megatherium*) y posee un largo proceso descendente, similar al de los gliptodontes, formado a expensas del hueso yugal, que se prolonga hacia atrás, ensanchándose. En algunas formas del Pleistoceno, el arco cigomático puede cerrarse, pero sin adquirir una estructura sólida. A diferencia de la mayor parte de los gliptodontes y al igual que en los armadillos, las órbitas están abiertas posteriormente.

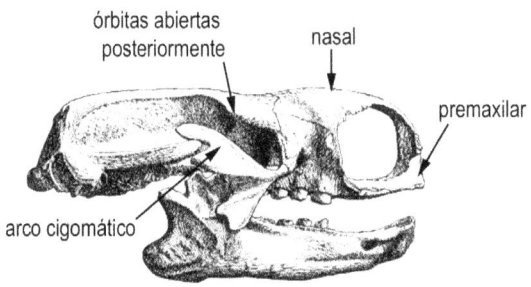

Cráneo y mandíbula de la especie *Mylodon darwini*.

En la dentadura de los gravígrados faltan los incisivos y los caninos, pero los primeros dientes pueden adoptar la forma y función de verdaderas defensas. El sistema dentario está reducido a lo sumo a 18 dientes cilíndricos o prismáticos y de corona alta, de los cuales 5 se encuentran a cada lado del maxilar superior y 4 en cada rama mandibular.

La pelvis presenta un desarrollo extraordinario, con los huesos ilíacos sumamente grandes y el isquión soldado al sacro. Las extremidades poseen garras, generalmente fuertes, que están protegidas en la base por una vaina ósea. El pie es siempre plantígrado, con un calcáneo de gran tamaño.

A los gravígrados se los agrupa en tres familias: de los megaloníquidos (Megalonychidae), milodóntidos (Mylodontidae) y megatéridos (Megatheriidae).

Clasificación de los gravígrados.

Los megaloníquidos posiblemente forman un grupo artificial cuyos integrantes no compartían un antepasado en común. En estos edentados, el primer diente de cada serie superior e inferior está separado de los demás por un largo espacio (diastema), y posiblemente cumplía las funciones de un canino o de un incisivo. Los demás dientes son de sección ovalada o redondeada. Estos animales tenían un largo pescuezo, una mandíbula alargada, una cola medianamente fuerte y miembros locomotores relativamente delgados. No hay registros de estos gravígrados en el Cuaternario de los alrededores de la Ciudad de Buenos Aires. En la Argentina, los megaloníquidos están representados por las subfamilias de los notroterinos y de los megaloníquinos.

La subfamilia de los notroterinos, fundada por Lucas Kraglievich en 1923, incluye a gravígrados muy primitivos, de talla pequeña a mediana, con el cráneo de región nasal baja y alargada. Tanto el cuerpo como la cola son largos. En general presentan 4 dientes a ambos lados del maxilar superior y 3 en cada rama mandibular. Las manos tienen 5 dedos provistos de uñas fuertes, largas y curvadas. Los pies tienen 4 dedos, de los cuales el tercero es el de mayor tamaño. En la llanura pampeana comprende a los géneros *Diheterocnus*, *Nothrotherium* y *Nothropus*.

La subfamilia de los megaloníquinos fue fundada por Trouessart en 1904. Estos gravígrados eran de talla mediana a grande. El cráneo posee la región cefálica muy alargada y la facial corta, con la porción nasal muy alta. Posee 5 dientes a cada lado del maxilar superior y 4 en cada rama mandibular. El primer diente está desplazado hacia adelante y se encuentra separado del siguiente por un largo diastema, es grande, transversalmente comprimido, con aspecto de canino y determina en la parte anterior del maxilar superior y de la mandíbula una dilatación. Las manos tienen 5 dedos funcionales, los pies también poseen 5 dedos con grandes uñas, menos el dedo V. El único género del Cuaternario de Buenos Aires es *Megalonychops*.

Los milodóntidos eran gravígrados de gran tamaño, algunos de los cuales eran casi tan grandes como los mayores megaterios. Los dientes de los milodóntidos son prismáticos, de sección transversal redondeada, oval, elíptica, triangular o bilobulada (con forma de 8). El primer diente, cuando está presente, tiene aspecto de canino. La unión de las ramas mandibulares, o sínfisis mandibular, es estrecha y generalmente alargada. Los miembros locomotores anteriores son relativamente cortos. Esta familia comprende a las subfamilias de los celidoterinos y de los milodontinos.

La subfamilia de los celidoterinos, fundada por Ameghino en 1904, incluye a milodóntidos con la cabeza y el cuerpo más alargados que los milodontinos. El cráneo es bajo, estrecho y largo, con la región anterior prolongada hacia adelante. Poseen 5 dientes a cada lado del maxilar superior y 4 en cada una de las ramas mandibulares. Los dientes, que forman una serie continua, están comprimidos lateralmente, poseen una sección más o menos circular. Los géneros del Cuaternario bonaerense son *Scelidotherium* y *Scelidodon*.

La subfamilia de los milodontinos fue fundada por el estadounidense Theodore Nicholas Gill en 1872. El cráneo de los integrantes de este grupo tiene el hocico ensanchado en su parte anterior. Los dientes son de sección triangular, algo redondeados y, a veces, el último es bilobulado. En algunas formas el primer diente se halla desplazado hacia adelante y se asemeja a un canino. En el Cuaternario de Buenos Aires se registraron los géneros *Glossotherium*, *Mylodon* y *Lestodon*.

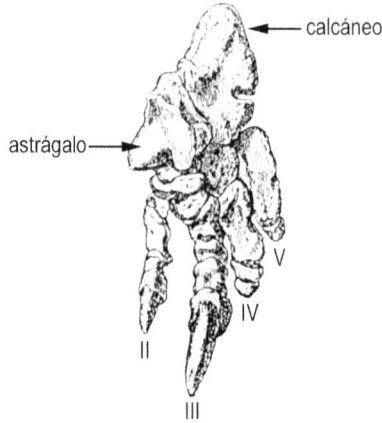

Pie izquierdo de *Glossotherium robustum* (modificado de Kraglievich).

La familia de los megatéridos incluye a los edentados de mayor tamaño. La cabeza de estos animales es pequeña con relación al tamaño total, el cuello es corto, el cuerpo muy voluminoso y pesado. Los huesos premaxilares y la sínfisis mandibular se encuentran proyectados hacia adelante. El hueso yugal está imperfectamente soldado al arco cigomático, con una apófisis robusta dirigida hacia abajo. Los miembros posteriores son mucho más fuertes, pero no más largos, que los anteriores. La cola es robusta. La serie dentaria es continua, posee en total 18 dientes largos, de sección cuadrada, con corona de dos crestas transversales: 5 a cada lado del maxilar superior y 4 en cada rama mandibular. El único género del Cuaternario de Buenos Aires es *Megatherium*.

Scelidotherium

Este género, fundado por Owen en 1840 a partir de los restos descubiertos por Darwin cerca de Bahía Blanca, incluye a gravígrados de talla grande, con el cráneo alargado, estrecho y bajo, con el rostro proyectado hacia adelante. Los integrantes de este género poseen cinco dientes a cada lado del maxilar superior y cuatro en cada rama mandibular. La mano es grande y con cinco dedos, de los cuales los II y III llevan garras, que están envainadas.

Reconstrucción de un gravígrado del género *Scelidotherium*.

Rusconi halló restos de gravígrados de este género (posiblemente todos de la especie *Scelidotherium leptocephalum*) en varios puntos de la Ciudad de Buenos Aires. Así, por ejemplo, en 1931, en las excavaciones destinadas al emplazamiento del Mercado de Abasto, obtuvo una rama mandibular con cuatro dientes de un individuo joven que se encontraba a 6 metros de profundidad.

Las especies del Cuaternario bonaerense son *Scelidotherium leptocephalum*, del Bonaerense y Lujanense, y *Scelidotherium floweri*, del Bonaerense.

Scelidotherium leptocephalum es la especie tipo del género y la mejor conocida. El nombre específico proviene del griego *leptós*, que significa delgado, y *kephalé*, cabeza, debido a la forma del cráneo. Este milodóntido medía unos 3,5 metros de largo. El cráneo era relativamente pequeño, alargado, estrecho y bajo. Los dientes son de corona comprimida, casi elípticos e implantados oblicuamente. En el miembro posterior, sólo los dígitos III, IV y V son funcionales, el III terminado en una fuerte garra.

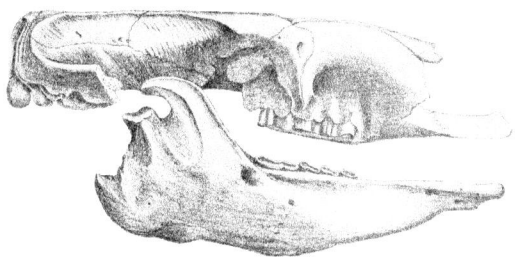

Cráneo y mandíbula de *Scelidotherium leptocephalum* (según Gervais).

La especie *Scelidotherium floweri*, que en 1881 fue mencionada por Ameghino en "La antigüedad del hombre en el Plata", fue dedicada a Flower, el fundador del grupo de los pilosos. Ameghino fundó esta especie a partir de una rama horizontal de la mandíbula y un maxilar superior procedentes de los alrededores de Luján. De acuerdo con las dimensiones de estos restos, Ameghino estimó que la talla de este gravígrado era apenas un tercio de la correspondiente a la especie *Scelidotherium leptocephalum*.

Bibliografía

Ameghino, F. "*Contribución al conocimiento de los mamíferos fósiles de la República Argentina*". Actas de la Academia Nacional de Ciencias de la República Argentina en Córdoba, 6: 720-724. 1889.

Carlini, A. A., y Tonni, E. P. *Mamíferos fósiles del Paraguay*. Cooperación Técnica Paraguayo-Alemana. Proyecto Sistema Ambiental del Chaco. Proyecto Sistema Ambiental Región Oriental, La Plata, pp 42-43. 2000.

Pascual, R., et al. "Vertebrata", en Borrello, A. (editor). *Paleontografía bonaerense*, Comisión de Investigación Científica, La Plata, 4: 66-67. 1966.

Rusconi, C. "*Contribución al conocimiento de la geología de la Ciudad de Buenos Aires y sus alrededores y referencia de su fauna*". Actas de la Academia Nacional de Ciencias de la República Argentina, 10: 184, 190, 193, 196, 198, 202, 203, 204, 205, 212, 215, 216, 218, 219, 222 y 225. 1937.

Scelidodon

El género *Scelidodon* fue fundado por Florentino Ameghino, quien tomó como especie tipo a *Scelidodon copei*, descripta a partir de un fragmento del maxilar superior procedente de las toscas del Río de la Plata. Los primeros restos de un gravígrado de este género fueron encontrados por Weddell en Tarija, Bolivia, y descriptos por Paul Gervais en 1854 como pertenecientes al género *Scelidotherium*.

Reconstrucción de *Scelidodon capellini* (según Rusconi).

Scelidodon era semejante a *Scelidotherium* en su conformación general, pero de talla considerablemente mayor y, en general, más robusto. Las muelas de *Scelidodon* (sobre todo la primera superior) son menos prismática-triangulares y más elípticas que las de *Scelidotherium*. La parte más característica de *Scelidodon* es la conformación particular de la parte anterior del cráneo; así, la parte que se extiende adelante de las muelas es más corta que en *Scelidotherium*. La mandíbula es más fuerte que la de *Scelidotherium*, con la parte situada adelante de las muelas inclinada hacia arriba.

Entre 1921 y 1922, Parodi realizó algunos perfiles geológicos durante las obras del Puerto Nuevo. En el obtenido en la excavación de la dársena B, entre 10,5 y 11,2 metros de profundidad, se había descubierto un esqueleto de un individuo joven que atribuyó con dudas a la especie *Scelidodon capellini*. Este fue la única mención de Parodi sobre la presencia del género *Scelidodon* en la Ciudad de Buenos Aires.

Las especies del Cuaternario bonaerense son *Scelidodon copei* y *Scelidodon capellini*, ambas del Ensenadense.

Como se dijo anteriormente, *Scelidodon copei* es la especie tipo del género. El nombre específico es un homenaje al paleontólogo estadounidense Edward Cope. Este gravígrado se distingue de los demás del mismo género por su tamaño reducido.

La especie *Scelidodon capellini* fue descripta en 1880 por Henri Gervais y Ameghino y dedicada a un científico italiano de apellido Capellini. Esta especie se fundó a partir de la mitad de una mandíbula con las cuatro muelas que indica que se trataba de un animal de talla más considerable que la de *Scelidotherium leptocephalum*. Algunos autores consideran al género *Scelidodon* como sinónimo del *Catonyx* Ameghino, 1891. De tal forma, la especie del Ensenadense sería *Catonyx capellini*, que asimismo ha sido considerada como un sinónimo de *Catonyx tarijensis* (Gervais y Ameghino, 1880).

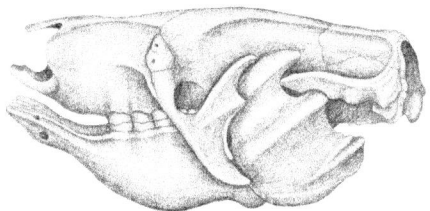

Cráneo y mandíbula de *Scelidodon capellini* (según Burmeister, quien lo publicó con el nombre de *Scelidotherium magnum*).

Bibliografía

Ameghino, F. "*Contribución al conocimiento de los mamíferos fósiles de la República Argentina*". Actas de la Academia Nacional de Ciencias de la República Argentina en Córdoba, 6: 724-731. 1889.

Pascual, R., et al. "Vertebrata", en Borrello, A. (editor). *Paleontografía bonaerense*, Comisión de Investigación Científica, La Plata, 4: 67. 1966.

Rusconi, C. "Contribución al conocimiento de la geología de la Ciudad de Buenos Aires y sus alrededores y referencia de su fauna". Actas de la Academia Nacional de Ciencias de la República Argentina, 10: 183. 1937.

Glossotherium

El género *Glossotherium* (del griego *glossa*, legua, y *therós*, animal), que fue fundado por Owen en 1840, incluye a gravígrados de talla grande, algo semejantes a los del género *Mylodon*, pero de rostro más corto y sin arco óseo prenasal. La apertura nasal es amplia y de forma más o menos triangular. Poseen cinco dientes a cada lado del maxilar superior y cuatro en cada rama mandibular. El primer diente de ambos maxilares está desplazado hacia adelante. Los dientes están desgastados entre sí en forma de bisel, con el inferior por detrás del superior. Los dientes superiores son similares entre sí, más o menos cilíndricos o de sección más o menos triangular, el último es bilobulado. Los dientes inferiores son similares entre sí y más o menos cilíndricos, menos el último que es bilobulado, alargado y casi el doble, en sentido anteroposterior, que los anteriores. La piel estaba embebida de numerosos osteodermos.

Reconstrucción de un gravígrado del género *Glossotherium*.

La especie tipo del género es *Glossotherium uruguayensis*, especie fundada por Lucas Kraglievich en 1928 a partir de un fragmento craneano procedente de Sarandí, Uruguay, sobre la cual Owen fundó dicho género sin dar una designación específica.

Las especies del Cuaternario bonaerense son *Glossotherium robustum* y *Glossotherium myloides*, ambas del Bonaerense y Lujanense.

En la especie *Glossotherium robustum* el primer diente está bien diferenciado como diente caniniforme y algo distanciado del segundo. El segundo diente inferior tiene un contorno triangular; el tercero similar o cuadrangular. El cráneo es ancho y amplio hacia adelante. El margen anterior de la mandíbula es bastante ancho. Este perezoso gigante tenía un tamaño superior al de un buey: Desde el extremo del rostro al extremo de la cola medía unos 3,50 metros.

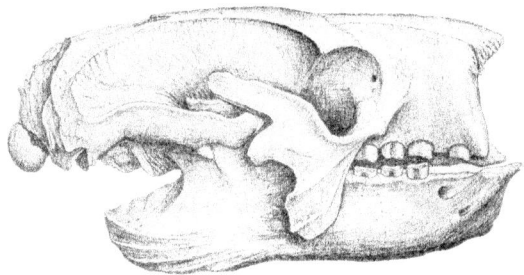

Cráneo y mandíbula de *Glossotherium robustum* (según Ameghino, quien lo publicó como *Mylodon robustus*).

Con respecto a la especie *Glossotherium myloides* hubo una larga discusión en cuanto a su clasificación. En 1855 Paul Gervais fue el primero en describirla bajo el nombre *Lestodon myloides*. Más tarde Burmeister constituyó una nueva especie con el nombre *Mylodon gracilis* y la identifica con *Lestodon myloides*. En 1880, Henry Gervais y Ameghino incluyeron esta especie y otras en un nuevo género, al que denominaron *Pseudolestodon* y tomaron como tipo a la especie *Pseudolestodon myloides* basándose en el espécimen estudiado por Paul Gervais. En 1936, Angel Cabrera afirmaba que no es posible diferenciar a *Glossotherium* de *Pseudolestodon* y, por lo tanto, *Pseudolestodon myloides* pasaría a ser *Glossotherium myloides*.

Pero, en 1974, Rodolfo Parodi Bustos, del Instituto de Antropología de Salta, reivindicó a *Pseudolestodon* como un subgénero de *Glossotherium* y, de acuerdo con este autor, este milodóntido debería denominarse *Glossotherium (Pseudolestodon) myloides*. Parodi Bustos dio la siguiente diagnosis de este subgénero: "Cráneo más estrecho que en *Glossotherium robustum*, pero ensanchado en su parte anterior; los cóndilos occipitales están implantados más hacia atrás; menor extensión y mayor altura de la porción desdentada de la mandíbula. Molares anteriores bien desarrollados y con aspecto de caniniformes y cuya corona por lo general está usada en declive. Primer diente, tanto superior como inferior, más separado de los demás y colocados fuera del eje de la serie dentaria y en la mandíbula dirigido hacia fuera y adelante, frecuentemente con surcos en sus caras anteriores y laterales. Región palatina de aspecto triangular, ancha adelante y estrecha posteriormente."

Bibliografía

Ameghino, F. "*Contribución al conocimiento de los mamíferos fósiles de la República Argentina*". Actas de la Academia Nacional de Ciencias de la República Argentina en Córdoba, 6: 745-754. 1889.

Cabrera, A., "*Las especies del género Glossotherium*". Noticias del Museo de La Plata, 1, Paleont. 5: 193-206. 1936.

Carlini, A. A., y Tonni, E. P. *Mamíferos fósiles del Paraguay*. Cooperación Técnica Paraguayo-Alemana. Proyecto Sistema Ambiental del Chaco. Proyecto Sistema Ambiental Región Oriental, La Plata, pp 34-35. 2000.

Kraglievich, L. "*Mylodon darwini Owen, es la especie genotipo de Mylodon Owen. Rectificación de la nomenclatura genérica de los milodontes*". Physis 9: 169-185. 1928.

Parodi Bustos, R. "*Notas sobre milodóntidos sudamericanos. Reivindicación del subgénero Pseudolestodon F. Amegh. y H. Gerv*". Ameghiniana, 11 (1): 88-93. 1974.

Pascual, R., et al. "Vertebrata", en Borrello, A. (editor). *Paleontografía bonaerense*, Comisión de Investigación Científica, La Plata, 4: 69-70. 1966.

Scillato-Yané, G. J., Carlini, A. A., Vizcaíno, S. F. y Ortíz Jaureguizar, E. "*Los Xenartros*". En Alberdi, M. T., G. Leone y E. P. Tonni (eds.): *Evolución biológica y climática de la región pampeana durante los últimos cinco millones de años. Un ensayo de correlación con el Mediterráneo occidental*. Museo Nacional de Ciencias Naturales, Consejo Superior de Investigaciones Científicas, Monografías 12: 181-210. Madrid. 1995.

Mylodon

El género *Mylodon* fue fundado por Owen en 1840 a partir de los restos hallados por Darwin en los alrededores de Bahía Blanca. El nombre deriva del griego *mylos*, que significa piedra de molino (o *mylon*, molino) y *odóntos*, diente.

Reconstrucción del milodóntido *Mylodon darwini* (según Rusconi).

Este género incluye a animales de gran talla, con el cráneo con los premaxilares algo convexos, proyectados hacia adelante y unidos en sus extremos a los nasales, también convexos, por un arco óseo vertical. La sínfisis mandibular se encuentra desarrollada hacia adelante. Las aberturas nasales son rectangulares, más altas que anchas, y no triangulares como en otros milodontinos. Poseen cuatro dientes a cada lado del maxilar superior y de la mandíbula. Al igual que en *Glossotherium*, la piel de estos animales estaba embebida de osteodermos.

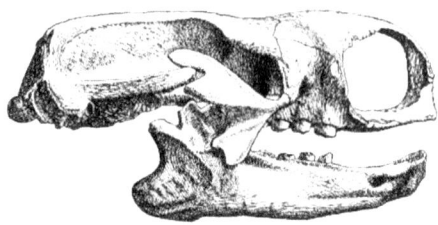

Cráneo y mandíbula de *Mylodon darwini* (según Reinhardt).

En el extremo austral de América del Sur, en la provincia de Magallanes, Chile, fueron hallados dentro de una cueva, fragmentos de "cuero" así como gran cantidad de desechos fecales, hueso con tejido muscular adherido y abundante pelo, todos ellos atribuidos a la especie *Mylodon listai* (Ameghino, 1889). Este interesante material, en conjunto un muy poco frecuente caso de preservación por momificación, ha sido objeto de varios estudios, entre otros el de datación absoluta por el método de radiocarbono. Este método permitió determinar que los restos pertenecieron a ejemplares que murieron hace unos 11.000 años.

Las especies del Cuaternario bonaerense son *Mylodon darwini*, del Bonaerense y Lujanense y *Mylodon insigne*, que no se sabe si proviene de sedimentos bonaerenses o lujanenses.

Trozo de piel momificada del milodóntido *Mylodon listai* en el que se observan los huesillos dérmicos u osteodermos (según Bordas y Cattoi).

Mylodon darwini es la especie tipo del género y fue dedicada por Owen a Charles Darwin. Este gran herbívoro superó los 3 metros desde el extremo del rostro hasta el extremo de la poderosa cola y su altura en la cruz era superior a 1,50 metro. Las características de esta especie son las dadas para el género *Mylodon*.

La especie *Mylodon insigne* fue fundada por Lucas Kraglievich en 1928 basándose en un astrágalo depositado en el Museo Nacional de Historia Natural de Buenos Aires procedente de un "yacimiento arenoso" de Tandil asociado con restos de *Megatherium* y *Scelidodon*. Se trata de una especie de talla gigantesca, similar al de los más grandes lestodontes.

Bibliografía

Carlini, A. A., y Tonni, E. P. *Mamíferos fósiles del Paraguay*. Cooperación Técnica Paraguayo-Alemana. Proyecto Sistema Ambiental del Chaco. Proyecto Sistema Ambiental Región Oriental, La Plata, pp 40-41. 2000.

Kraglievich, L. 1928 "*Mylodon darwini Owen, es la especie genotipo de Mylodon Owen. Rectificación de la nomenclatura genérica de los milodontes*". *Physis*, 9: 169-185.

Pascual, R., et al. "Vertebrata", en Borrello, A. (editor). *Paleontografía bonaerense*, Comisión de Investigación Científica, La Plata, 4: 70-71. 1966.

Lestodon

Este género fue fundado por Paul Gervais en 1855 sobre restos bastantes incompletos de un edentado enorme que designó como *Lestodon armatus*. Corresponde a animales de talla gigantesca, algo menor que la de *Megatherium*.

Reconstrucción de un perezoso terrestre del género *Lestodon*.

El cráneo tiene las características generales de los demás milodontinos pero con la región rostral muy ensanchada. Posee cinco dientes a cada lado del maxilar superior y cuatro en cada rama mandibular. El primer diente, con forma de canino, se encuentra muy desplazado hacia adelante, es de sección triangular y está proyectado hacia fuera, tanto en el maxilar superior como en la mandíbula. Este diente se encuentra separado por un largo diastema de los restantes, que son poco diferenciados, excepto el cuarto de la mandíbula, que consta de dos lóbulos redondeados. Los huesos de los miembros son grandes y más gráciles que en los otros milodontinos.

Las especies del Cuaternario bonaerense son *Lestodon armatus*, del Ensenadense y Bonaerense, y *Lestodon trigonidens*, del Bonaerense y Lujanense.

Lestodon armatus, la especie tipo del género, tiene un tamaño de unos 4 metros desde el extremo del rostro al extremo de la cola. El rostro es característico por su ensanchamiento al igual que por la forma de pala de la mandíbula. Posee cinco dientes a cada lado del paladar y cuatro a cada lado de la mandíbula; se destacan por su notable desarrollo los primeros molares superiores e inferiores, que adquieren el aspecto de caninos o fuertes defensas de sección casi triangular. A estos caniniformes les continúa un largo diastema, es decir una zona desprovista de dientes, y luego el resto de los molariformes, de sección elíptica, excepto el último, que es bilobulado. Gervais fundó esta especie a partir de un fragmento de maxilar superior con el diente con forma de canino, el diente siguiente y parte del alvéolo del tercero, además de la parte anterior de una rama mandibular con la parte sinfisaria, el diente con forma de canino, los dos dientes que siguen y parte del alvéolo del cuarto. Ambas piezas provienen de Uruguay..

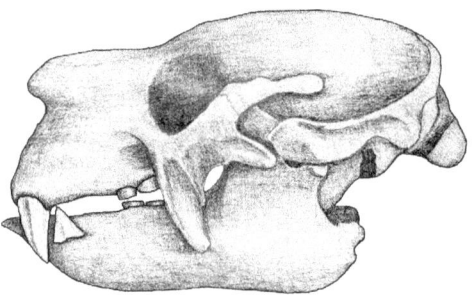

Cráneo y mandíbula de *Lestodon trigonidens* (según Gervais).

La especie *Lestodon trigonidens* fue fundada por Paul Gervais en 1873 basándose en un pequeño fragmento de mandíbula con el diente con forma de canino. El nombre específico hace referencia a la forma triangular de los dientes caniniformes (*trí-gonon* significa triángulo en griego). La talla de este animal era superior a la de *Lestodon armatus*, acercándose por su tamaño a los del género *Megatherium*. Con respecto a *Lestodon armatus*, el cráneo de *Lestodon trigonidens* es más ensanchado en su parte anterior y los caniniformes superiores son más triangulares, más gruesos y más largos, están dirigidos oblicuamente hacia abajo y hacia fuera y toman la forma de grandes caninos. En la mandíbula, el diente caniniforme es considerablemente más grande que el de *Lestodon armatus* y de una forma muy diferente, pues en vez de ser de sección elíptica redondeada es de sección completamente triangular, con sus tres lados casi iguales, pero con una cara cortada en bisel, de manera que termina en cúspide triangular y toma casi la forma de una pirámide. Además, este diente está colocado de una manera considerablemente más oblicua y más inclinada hacia adelante que en *Lestodon armatus*.

Bibliografía

Ameghino, F. "*Contribución al conocimiento de los mamíferos fósiles de la República Argentina*". Actas de la Academia Nacional de Ciencias de la República Argentina en Córdoba, 6: 703-715. 1889.

Carlini, A. A., y Tonni, E. P. *Mamíferos fósiles del Paraguay*. Cooperación Técnica Paraguayo-Alemana. Proyecto Sistema Ambiental del Chaco. Proyecto Sistema Ambiental Región Oriental, La Plata, pp 36-37. 2000.

Pascual, R., et al. "Vertebrata", en Borrello, A. (editor). *Paleontografía bonaerense*, Comisión de Investigación Científica, La Plata, 4: 71. 1966.

Scillato-Yané, G. J., Carlini, A. A., Vizcaíno, S. F. y Ortíz Jaureguizar, E. "*Los Xenartros*". En Alberdi, M. T., G. Leone y E. P. Tonni (eds.): *Evolución biológica y climática de la región pampeana durante los últimos cinco millones de años. Un ensayo de correlación con el Mediterráneo occidental*. Museo Nacional de Ciencias Naturales, Consejo Superior de Investigaciones Científicas, Monografías 12: 181-210. Madrid. 1995.

Megatherium

Este género fue fundado por el francés Georges Cuvier en 1796. Su nombre hace referencia al enorme tamaño de los integrantes de la especie tipo, ya que *Megatherium* deriva del griego *mégas*, grande, y *therós*, animal. Los integrantes del género *Megatherium* junto con los megatéridos del género *Eremotherium*, que agrupa a perezosos terrestres gigantes que vivieron en las zonas intertropicales de América, son los edentados de mayor tamaño.

Reconstrucción de un megatérido del género *Megatherium*.

El primer hallazgo de un megaterio fue realizado en 1787 por el fraile dominico Manuel de Torres, quien desenterró de las barrancas del río Luján, en la entonces villa del mismo nombre, gran parte del esqueleto, que fue remitido a España al año siguiente. Fue tal el interés que despertó este enorme esqueleto de cerca de cinco metros de largo, que el rey Carlos III pidió que se "procure por cuantos medios sean posibles averiguar si en el partido de Luján o en otro de los de ese virreinato, se puede conseguir algún animal vivo, aunque sea pequeño, de la especie de dicho esqueleto, remitiéndolo vivo, si pudiese ser, y en su defecto disecado y relleno de paja, organizándolo y reduciéndolo al natural, con todas las demás precauciones que sean oportunas, a fin de que llegue bien acondicionado, y tenga S.M. la complacencia de verle en los términos que desea." El fósil fue llevado al Real Gabinete de Historia Natural de Madrid, donde se hizo cargo del mismo Juan Bautista Brú y Ramón. El esqueleto de este megaterio se conserva actualmente en el Museo de Ciencias Naturales de Madrid, y es el primer vertebrado fósil montado para fines de exhibición. En 1795, un oficial de las Indias Occidentales Francesas en Santo Domingo, llamado Philippe-Rose Roume, viajó desde esa isla a Francia pasando por España. En Madrid, Roume pudo obtener las pruebas de impresión de una publicación futura de Brú sobre el fósil de Luján. Roume envió esas pruebas al recientemente fundado Instituto de Francia, del cual era miembro, las que fueron entregadas al naturalista Georges Cuvier, que entonces tenía sólo 26 años de edad.

El joven Cuvier escribió inmediatamente la que sería la primera de muchas publicaciones sobre vertebrados fósiles, cuyo título era "Noticia sobre un esqueleto de una especie de un cuadrúpedo desconocido hasta ahora, hallado en Paraguay y depositado en la colección de historia natural de Madrid". Este artículo fue publicado en 1796 en *el Magasin encyclopédique; ou; journal des sciences, des lettres et des arts* e incluía "una mala copia de la figura del esqueleto completo". Cuvier había atribuido erróneamente la localidad de Luján al Paraguay. De esta forma, este mamífero se convirtió en el primer vertebrado fósil del Nuevo Mundo conocido por la ciencia. Cuvier, que nunca había visto los huesos del animal con los que fundó la especie *Megatherium americanum* (gran animal de América), obtuvo prioridad en la publicación de su descripción.

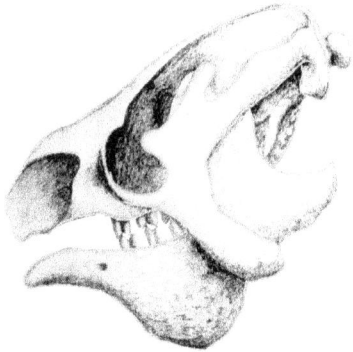

Cráneo y mandíbula de *Megatherium americanum* (según Ameghino).

El género *Megatherium* agrupa a megatéridos de gran talla. El cráneo es estrecho y largo y de tamaño pequeño en relación con el tamaño del cuerpo. El arco cigomático, al contrario de lo que sucede con otros gravígrados, se une por su apófisis posterior a la apófisis cigomática del hueso temporal para formar un arco continuo.

Los maxilares superiores son notables por su alto extraordinario. La mandíbula posee una forma característica, ya que la rama ascendente es muy alta, la parte sinfisaria es angosta, baja y muy prolongada hacia adelante. En cambio, el cuerpo de la rama horizontal que lleva implantados los dientes es sumamente grueso y alto y forma hacia abajo una gran curva descendente, destinada a contener los grandes alvéolos en los que se implantan los grandes dientes.

La serie dentaria es continua (sin diastema) y el primer diente está muy alejado del borde anterior de los maxilares. Poseen en total 18 dientes, cinco a cada lado del maxilar superior y cuatro en cada rama mandibular. Casi todos los dientes son de tamaño considerable y poseen la forma de una larga columna prismática cuadrangular. La corona de cada diente presenta dos crestas transversales agudas, que aparecen desde la juventud y persisten toda la vida, separadas por una ranura transversal profunda que divide el diente en dos partes iguales o casi iguales. De los cinco dientes superiores, el último es mucho más pequeño que los otros. En la mandíbula los cuatro dientes son más similares, aunque el posterior es siempre un poco más pequeño que el primero.

Los Grandes Perezosos Terrestres

Los miembros anteriores son más delgados y menos fuertes que los posteriores, pero bastante más largos. Las manos son de gran tamaño y alcanzan una longitud casi igual que la del antebrazo. Poseen cuatro dedos, ya que del primero (el pulgar) queda como vestigio el correspondiente metacarpiano. El dedo quinto está atrofiado en parte, pero tiene un metacarpo completo seguido de dos falanges cortas y sin uñas. Los tres dedos del medio (II, III y IV) están bien desarrollados, con grandes metacarpianos, pero con falanges cortas y gruesas, y terminan en falanges ungueales (las que llevan uñas) de gran tamaño.

Mano de *Megatherium americanum* (modificado de De Iuliis y Cartelle).

El pie termina en tres dedos, que corresponden al tercero, cuarto y quinto, ya que el primero y el segundo faltan completamente. El tercer dedo, el único que lleva uña, es sumamente largo, con un gran metatarsiano al que le sigue una sola falange.

Sus miembros anteriores y posteriores terminaban en fuertes garras; poseía asimismo una cola con poderosas implantaciones musculares. Este último carácter avala la hipótesis de que el animal se podía desplazar en posición erguida, utilizando la cola como elemento de apoyo auxiliar. Esta situación es confirmada por el hallazgo de pisadas fósiles que demostrarían un andar bípedo, al menos en determinadas circunstancias.

Las especies del Cuaternario bonaerense son *Megatherium gallardoi* (Ensenadense), *Megatherium silenum* (Ensenadense), *Megatherium tarijense* (Ensenadense y Bonaerense), *Megatherium lundi* (Bonaerense) y *Megatherium americanum* (Bonaerense y Lujanense).

Como se dijo anteriormente, *Megatherium americanum* es la especie tipo. La longitud total de este animal superaba los 5 metros. Recientemente, algunos investigadores han formulado la provocativa hipótesis de que *Megatherium americanum* pudo ser un eficaz carnívoro en lugar de un lento y apacible herbívoro. Los restos de esta especie se han hallado no sólo en la Argentina, sino también en el Pleistoceno del sur del Brasil y en Bolivia. Sus restos son frecuentes en sedimentos que evidencian condiciones climáticas áridas o semiáridas, tanto en el territorio de la provincia de Buenos Aires como en San Luis y La Pampa. Asimismo han sido hallados en la Región Patagónica, en localidades tan australes como Puerto Deseado en la provincia de Santa Cruz.

La especie *Megatherium lundi*, dedicada al científico danés Peter Lund, que realizó una importante contribución al conocimiento de los mamíferos fósiles de Brasil, fue fundada en 1880 por Henri

Gervais y Ameghino basándose en un astrágalo (hueso del tobillo) procedente de Mercedes, provincia de Buenos Aires. La forma de este astrágalo es un poco diferente a la del mismo hueso de *Megatherium americanum*, pero considerablemente más pequeño.

La especie *Megatherium tarijense* también fue fundada en 1880 por Henri Gervais y Ameghino basándose en un calcáneo (hueso del talón) procedente de Tarija, Bolivia, que fuera descripto previamente por Paul Gervais. Este hueso tiene una forma diferente del calcáneo de *Megatherium americanum* y su tamaño es menor. Así, mientras que el calcáneo de *Megatherium americanum* mide entre 35 y 41 centímetros de largo, la longitud del de *Megatherium tarijense* es de sólo 28 centímetros. Según Ameghino, el tamaño de este megaterio sería casi la mitad del de *Megatherium americanum*.

La especie *Megatherium gallardoi* fue fundada por Carlos Ameghino en 1914 y dedicada a Ángel Gallardo, director del actual Museo Argentino de Ciencias Naturales "Bernardino Rivadavia". Esta especie está basada en un cráneo y mandíbula y algunos huesos de los miembros procedentes de una excavación realizada en Palermo para la construcción de los nuevos filtros de Salubridad de la Nación, a 6 metros por debajo del nivel del río. La forma general alargada y cilíndrica, así como el perfil longitudinal, le dan al cráneo una apariencia similar al de un gran *Scelidodon*. En la mandíbula, el borde inferior tiene una convexidad menor que en *Megatherium americanum*.

Para algunos autores, la única especie válida de todas las citadas sería *Megatherium americanum*, siendo las restantes sólo variaciones de ésta.

Bibliografía

Ameghino, C., y Kraglievich L. "*Descripción del Megatherium gallardoi C. Ameghino descubierto en el Pampeano inferior de la ciudad de Buenos Aires*". Anales del Museo de Historia Natural, 31: 135-156. 1921.

Ameghino, F. "*Contribución al conocimiento de los mamíferos fósiles de la República Argentina*". Actas de la Academia Nacional de Ciencias de la República Argentina en Córdoba, 6: 666-672. 1889.

Carlini, A. A., y Tonni, E. P. *Mamíferos fósiles del Paraguay*. Cooperación Técnica Paraguayo-Alemana. Proyecto Sistema Ambiental del Chaco. Proyecto Sistema Ambiental Región Oriental, La Plata, pp 38-39. 2000.

Fariña, R. y Blanco, R. E. 1996. "*Megatherium*, the stabber". Proceedings of The Royal Society of London, B, 263: 1725-1729. Londres.

Pascual, R., et al. "Vertebrata", en Borrello, A. (editor). *Paleontografía bonaerense*, Comisión de Investigación Científica, La Plata, 4: 64. 1966.

Litopternos

Los litopternos fueron unos mamíferos con pezuñas cuyo aspecto era semejante, en algunos casos, al caballo y, en otros, al camello. Sin embargo, se diferenciaban de los caballos y los camellos, entre otras particularidades, porque los huesos de sus tobillos eran menos complejos (su nombre significa tobillos simples en griego). Estos ungulados sudamericanos vivieron durante casi toda la Era Cenozoica. Los primeros litopternos eran animales de tamaño relativamente pequeño y de hábitos probablemente ramoneadores. En el Cuaternario, los litopternos estaban representados por las familias de los proterotéridos (Proterotheriidae) y de los macrauquénidos (Macraucheniidae).

Litopternos del Cuaternario.

Los proterotéridos eran unos pequeños y graciosos ungulados corredores que tuvieron una evolución paralela a la de los caballos. En el Cuaternario de la provincia de Buenos Aires no hay registros de estos litopternos.

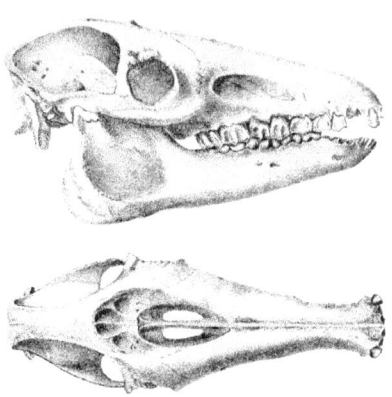

Cráneo y mandíbula de *Macrauchenia patachonica* (según Burmeister).

La región nasal de los macrauquénidos estaba muy modificada. En las formas más evolucionadas, las fosas nasales estaban situadas muy atrás, casi entre las órbitas, lo que sugiere la presencia de una trompa corta, como en los tapires. Los géneros de macrauquénidos registrados en el Cuaternario de Buenos Aires son *Macrauchenia* y *Macraucheniopsis*.

Macrauchenia

Este género fue fundado por Owen en 1840 a partir de la mitad de un esqueleto hallado en 1834 por Darwin en Puerto San Julián, provincia de Santa Cruz. Visto desde arriba, el cráneo presenta una forma más o menos elíptica, muy alargada, con una gran perforación elíptica en el centro, que es la apertura nasal, la que en vez de abrirse hacia adelante se abre hacia arriba. Visto lateralmente, el cráneo presenta un notable parecido con el del caballo. La apertura nasal es una gran fosa elíptica que perfora el cráneo de arriba hacia abajo en la mitad de su largo. Esta fosa está dividida en dos mitades por un tabique óseo. A cada lado del maxilar superior y de cada rama mandibular posee tres incisivos, un canino, cuatro premolares y tres molares. Todos los dientes están colocados en una serie continua, aunque existe un pequeño diastema entre el canino superior y los incisivos. Los miembros estaban provistos de tres dígitos, de los cuales el del medio es el mayor.

Reconstrucción de *Macrauchenia patachonica*.

La única especie del Cuaternario Bonaerense es *Macrauchenia patachonica*, la especie tipo, que se registra con seguridad en el Bonaerense y Lujanense, y con dudas en el Ensenadense. Este macrauquénido tenía una talla similar a la de un camello. La ubicación de las fosas nasales hace suponer la presencia de una proboscis o trompa. Algunos autores han formulado la hipótesis de que este mamífero estaba adaptado a una vida semiacuática. Sin embargo, sus restos han sido hallados no sólo en depósitos asociados a cuerpos de agua sino también en eólicos correspondientes a ambientes áridos y semiáridos.

En su libro "Diario del viaje de un naturalista alrededor del mundo (en el navío de S. M., Beagle´)", Darwin se refería a esta especie como "notable cuadrúpedo, tan grande como un camello. Pertenece a la misma división o grupo de los Paquidermos, junto con el rinoceronte, tapir y *Palaeotherium*, pero en la estructura de los huesos de su largo cuello ofrece una evidente relación con el camello, o más bien con el guanaco y llama."

Bibliografía

Álvarez, Elsa. H. E. F. De, *Descripción de la Macrauchenia patachonica Owen y comparación con otros géneros terciarios (Thesodon, Scalabrinitherium y Promacrauchenia).* Publicaciones de la Facultad de Ciencias Exactas, Físicas y Naturales, Universidad de Buenos Aires, serie B (Científico-Técnica), N° 19. 1943.

Ameghino, F. "*Contribución al conocimiento de los mamíferos fósiles de la República Argentina*". Actas de la Academia Nacional de Ciencias de la República Argentina en Córdoba, 6: 525-533. 1889.

Carlini, A. A., y Tonni, E. P. *Mamíferos fósiles del Paraguay.* Cooperación Técnica Paraguayo-Alemana. Proyecto Sistema Ambiental del Chaco. Proyecto Sistema Ambiental Región Oriental, La Plata, pp 50-51. 2000.

Pascual, R., et al. "Vertebrata", en Borrello, A. (editor). *Paleontografía bonaerense*, Comisión de Investigación Científica, La Plata, 4: 168-170. 1966.

Macraucheniopsis

Mientras examinaba en el Museo de La Plata cráneos, mandíbulas y otros restos de macrauquénidos, el paleontólogo brasileño Carlos de Paula Couto observó un enorme calcáneo cuyo tamaño, proporciones y forma lo permitían diferenciar claramente de los de *Macrauchenia* y del género *Promacrauchenia*, que había fundado Ameghino en 1904. A partir de este calcáneo y un metatarsiano, que habían sido hallados en sedimentos ensenadenses en las obras del puerto de La Plata, Ameghino fundó en 1888 la especie *Macrauchenia ensenadensis*.

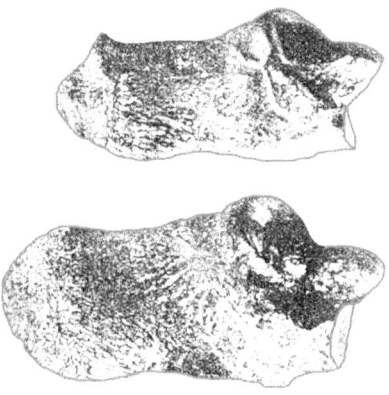

Calcáneos de *Macrauchenia patachonica* (arriba) y *Macraucheniopsis ensenadensis* (abajo) (según Paula Couto).

En 1931, el preparador del Museo de La Plata Lorenzo Parodi decía que no había razones que autoricen la inclusión de esta especie en el género *Macrauchenia*, lo que corroboró Lucas Kraglievich en 1934 y 1942. Para Paula Couto, la especie *Macrauchenia ensenadensis* poseía características intermedias entre las de los géneros *Macrauchenia*, del Pleistoceno, y *Promacrauchenia*, del Plioceno. Basándose en esas diferencias fundó en 1945 un nuevo género, al que denominó *Macraucheniopsis*, y tomó como especie tipo a *Macraucheniopsis ensenadensis*, la que Ameghino había descripto como *Macrauchenia ensenadensis*. El nombre del género deriva de *Macrauchenia* y del griego *opsis*, aspecto.

Además del calcáneo y el metatarsiano, Paula Couto estudió otros restos asignados a *Macrauchenia ensenadensis*, tales como la parte rostral de un cráneo y una mandíbula casi completa provenientes de la provincia de Buenos Aires, una rama mandibular derecha del Ensenadense de Mar del Plata, una vértebra dorsal del Ensenadense de Punta Hermengo, Miramar; y un extremo distal de un fémur hallado en las toscas del Río de la Plata, en Olivos.

Algunas de las particularidades de este macrauquénido son su tamaño enorme, notablemente mayor que el de *Macrauchenia patachonica*, el rostro relativamente poco elevado y bastante más ancho que el de *Macrauchenia*, los incisivos superiores separados entre sí por cortas diastemas, la región sinfisaria de la mandíbula más estrecha y de ancho más o menos uniforme en toda su extensión. Los elementos dentales se encuentran en igual número y morfología que los de *Macrauchenia*, pero de mayor tamaño.

En 1931, en la excavación del Mercado de Abasto, Rusconi halló un fragmento muy incompleto del cúbito-radio que asignó a esta especie.

Bibliografía

Ameghino, F. "*Contribución al conocimiento de los mamíferos fósiles de la República Argentina*". Actas de la Academia Nacional de Ciencias de la República Argentina en Córdoba, 6: 532-533. 1889.

Pascual, R., et al. "Vertebrata", en Borrello, A. (editor). *Paleontografía bonaerense*, Comisión de Investigación Científica, La Plata, 4: 168. 1966.

Paula Couto, C. De "Sobre un macrauquénido gigante, *Macraucheniopsis* gen. Nov., del Pampeano inferior de la Argentina". *Notas del Museo de La Plata*, Paleontología, 10 (84): 233-257. 1945.

Rusconi, C. "*Contribución al conocimiento de la geología de la Ciudad de Buenos Aires y sus alrededores y referencia de su fauna*". Actas de la Academia Nacional de Ciencias de la República Argentina, 10: 203. 1937.

Notoungulados

El grupo de los notoungulados (orden Notoungulata) incluye a ciertos mamíferos ungulados nativos de América del Sur (*nótos* significa meridional en griego) que ya se habían diversificado notablemente a comienzos del Cenozoico. En el Cuaternario, los notoungulados están representados por los subórdenes de los tipoterios y toxodontes.

tipoterios   toxodontes

Notoungulados del Cuaternario.

Los tipoterios se asemejaban a los roedores, a pesar de no estar emparentados con éstos. En las formas más avanzadas de estos notoungulados, los incisivos y las muelas estaban adaptados para roer y crecer durante toda la vida. El único género de tipoterios que sobrevivió hasta el Cuaternario en Buenos Aires es *Mesotherium*.

Los toxodontes eran notoungulados medianos a grandes. La palabra toxodonte (del griego *tóxon*, arco, y *odóntos*, diente) significa diente arqueado, ya que las formas más evolucionadas, como las que vivían durante el Pleistoceno, tenían dientes con coronas curvadas. En el Cuaternario bonaerense los toxodontes están representados únicamente por el género *Toxodon*.

Mesotherium

El primer hallazgo de un tipoterio fue realizado entre 1854 y 1855 por el francés Auguste Bravard, quien, sin describirlo, le dio el nombre genérico *Typotherium*. En 1867, el geólogo y paleontólogo francés Marcel de Serres realizó una descripción de las principales partes del esqueleto de la especie tipo, *Typotherium cristatum*, bajo el nuevo nombre de *Mesotherium cristatum* y, entre 1867 y 1869 Paul Gervais, se ocupó del mismo animal, restituyéndole el primitivo nombre genérico de *Typotherium*, que, sin embargo, no es un nombre válido en sistemática.

Algunas de las características del género *Mesotherium* (del griego *mésos*, medio, y *therós*, animal) son: primer incisivo superior muy ensanchado, con una suave y amplia depresión en su cara posterior; el primer incisivo inferior mucho más ancho que el segundo (cinco veces más ancho).

Reconstrucción de un tipoterio de la especie *Mesotherium cristatum*.

La única especie del Cuaternario bonaerense es *Mesotherium cristatum*, del Ensenadense. La talla de este animal es algo mayor que la del carpincho. Los incisivos presentan la corona profundamente gastada en el sentido de su mayor diámetro. El segundo incisivo inferior es muy pequeño, de sección elíptica, muy apretado al primero. La longitud total del cráneo es de 30 centímetros. Este fósil es muy importante desde el punto de vista estratigráfico, ya que su presencia en el Cuaternario permite asignar a los sedimentos portadores al Ensenadense.

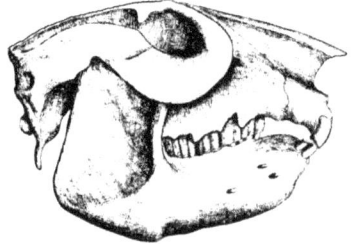

Cráneo y mandíbula de *Mesotherium cristatum* (según Ameghino).

Rusconi extrajo varios restos de *Mesotherium cristatum* en distintos puntos de la Ciudad de Buenos Aires. Así, por ejemplo, en 1919 descubrió una porción mandibular en una pequeña barranca que existía desde la calle Belgrano hacia el sur, antes de la construcción del balneario municipal. Entre 1921 y 1922, en las excavaciones para la construcción de la dársena B del Puerto Nuevo, halló una porción de fémur y un cúbito casi completo. En los sedimentos que forman el lecho del río Matanzas y las barrancas en las proximidades del Viejo Puente de la Noria extrajo un fragmento de húmero. En 1931, en las excavaciones para las obras del Mercado de Abasto descubrió un cráneo casi completo con su mandíbula, el axis y otros huesos. En ese mismo año extrajo un fragmento de fémur en una zanja de 4 metros de profundidad en las cercanías de la estación Rivadavia y tres molares en la excavación para el edificio Comega, en Corrientes y la avenida Leandro N. Alem. En 1934, en un pozo practicado en la pileta para los hipopótamos del Jardín Zoológico, halló una porción mandibular con restos de los tres primeros dientes.

Ameghino menciona hallazgos de mesoterios en las toscas del Río de la Plata, entre otros sitios.

Bibliografía

Ameghino, F. "*Contribución al conocimiento de los mamíferos fósiles de la República Argentina*". Actas de la Academia Nacional de Ciencias de la República Argentina en Córdoba, 6: 418. 1889.

Bond, M. "*Quaternary native ungulates of Southern South America. A synthesis*", en Tonni, E. P., y Cione, A. L. (eds.), 1999. "Quaternary vertebrate palaeontology in South America". *Quaternary of South America and Antarctic Peninsula*, volumen especial, 12: 177-205. 1999.

Cattoi, N. V. *Osteografía y osteometría comparada de los géneros Typtheriodon y Typotherium*. Publicaciones de la Facultad de Ciencias Exactas, Físicas y Naturales, Universidad de Buenos Aires, serie B (Científico-Técnica), N° 17. 1943.

Pascual, R., et al. 1966. "Vertebrata", en Borrello, A. (editor). *Paleontografía bonaerense*, Comisión de Investigación Científica, La Plata, 4: 181-182.

Rusconi, C. "*Contribución al conocimiento de la geología de la Ciudad de Buenos Aires y sus alrededores y referencia de su fauna*". Actas de la Academia Nacional de Ciencias de la República Argentina, 10: 182, 191, 196, 199, 203, 205, 207 y 210. 1937.

Toxodon

Este género fue fundado por Owen en 1840 basándose en restos traídos por Darwin de su viaje en el *Beagle*. En una excursión que realizó en 1833 a Colonia del Sacramento, Uruguay, sobre la orilla del arroyo Sarandí, afluente del río Negro, Darwin compró a unos lugareños un cráneo de un toxodonte por la suma de 18 peniques. Cuando se halló, el cráneo estaba en perfectas condiciones, pero sus descubridores lo usaron como blanco para tirar piedras, dejándolo en muy mal estado. El otro material en que se basó Owen para definir el género es una mandíbula bastante gastada, hallada en las cercanías de Bahía Blanca.

Reconstrucción de un toxodonte del género *Toxodon*.

El género Toxodon incluye a animales corpulentos, de cabeza muy grande, de piernas cortas, con la parte anterior mucho más voluminosa que la posterior y con los miembros anteriores mucho más fuertes que los posteriores.

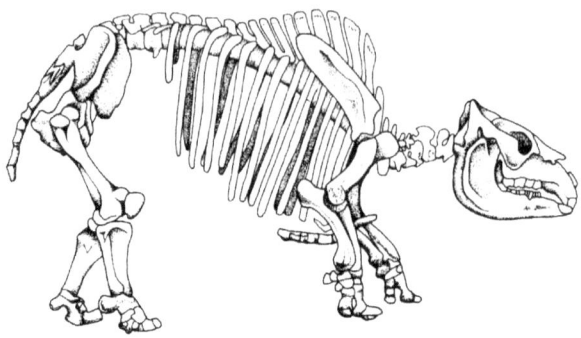

Esqueleto de un toxodonte del género *Toxodon* (según Benton).

El cráneo es muy largo en relación con la altura, ancho atrás y angosto adelante, con un occipital enorme y grandes arcos cigomáticos. La apertura nasal es elevada y ancha y toma la forma de un rectángulo. Los maxilares inferiores están soldados aun en los ejemplares jóvenes y forman una sínfisis mandibular muy larga, ancha adelante y angosta atrás.

Los incisivos son sumamente fuertes y presentan una capa de esmalte solamente sobre la cara externa, con excepción del tercer incisivo inferior, que también tiene una capa de esmalte sobre la cara interna. Están separados por una larga barra de los demás dientes. Los incisivos superiores están fuertemente arqueados y más achatados que en los demás toxodontes. El primer incisivo superior se encuentra sobremontado al segundo. Los incisivos superiores están arqueados hacia abajo y se encuentran dirigidos hacia fuera. Los incisivos inferiores son menos arqueados pero más largos y se encuentran solapados; los cuatros del medio están dirigidos hacia adelante y el externo de cada lado está dirigido un poco hacia fuera.

Se ha sugerido que los toxodontes del género *Toxodon* fueron mamíferos de hábitos anfibios, similares al hipopótamo. Sin embargo, ciertos caracteres indican hábitos fundamentalmente terrestres, como los de mamíferos actuales de tipo graviportal tales como elefantes y rinocerontes. Entre estos caracteres merecen citarse las proporciones del fémur y tibia y la posición de la cabeza por debajo de la cruz. Adicionalmente, es importante señalar que los restos de *Toxodon* han sido hallados no sólo en sedimentos de origen lacustre o de planicie de inundación sino también en otros eólicos, asociados con una fauna de condiciones semiáridas a áridas, como en los médanos de Sayape en San Luis y Caleufú en La Pampa.

En la colección paleontológica del Museo Argentino de Ciencias Naturales "Bernardino Rivadavia" está depositado un fragmento de maxilar de toxodonte con dos incisivos, registrado con el número 5.847, que procede de sedimentos ensenadenses que afloraron durante la excavación de la construcción del Puerto Nuevo. Este resto fue hallado en 1921 por Juan Merani.

Las especies del Cuaternario Bonaerense son *Toxodon ensenadensis* (Ensenadense y Bonaerense), *Toxodon gracilis* (Bonaerense y posiblemente Lujanense), *Toxodon platensis* (Bonaerense y Lujanense, posiblemente Ensenadense) y *Toxodon burmeisteri* (Bonaerense y Lujanense).

Toxodon platensis es la especie tipo del género. Tiene una talla comparable a la de un rinoceronte y se distingue fácilmente por sus incisivos superiores internos, que son más angostos que los externos y muy aplastados en sentido antero-posterior. El cráneo de este animal mide unos 70 centímetros de largo con las mandíbulas provistas de dientes de crecimiento continuo, en los que el esmalte se distribuye en fajas longitudinales. En la mandíbula, la región sinfisaria o mentoniana tiene forma de pala, con incisivos procumbentes lo que supone una estructura adecuada para un intenso pastoreo.

En su libro "Diario del viaje de un naturalista alrededor del mundo (en el navío de S. M., `Beagle´)", Darwin se refería con asombro a este animal de la siguiente forma: "Finalmente, el *Toxodon*, tal vez uno de los más extraños animales que hayan sido descubiertos; en la talla es igual al elefante o megaterio, pero la estructura de sus dientes, como asegura Mr. Owen, demuestra indiscutiblemente que guardaba estrechísimas relaciones con los roedores, el orden que hoy incluye la mayor parte de los cuadrúpedos menores; en muchos pormenores se acerca a los paquidermos; juzgando por la posición de sus ojos, oídos y nariz, era probablemente acuático, como el dugong y el manatí, con el que tiene gran parentesco. ¡Cuán maravilloso es que órdenes tan diferentes, al presente enteramente separados, coincidan en diferentes puntos de la estructura del *Toxodon*!".

La especie *Toxodon ensenadensis*, fundada por Ameghino en 1887, incluye a animales gigantescos, de talla considerablemente mayor que la de *Toxodon platensis*, de la que difiere notablemente. Los restos en los que se basó Ameghino para fundar la especie habían sido descubiertos por el profesor Carlos Spegazzini en las excavaciones del puerto de La Plata.

Ameghino y Henri Gervais fundaron en 1880 la especie *Toxodon gracilis* basándose en un fragmento de maxilar superior con todas las muelas menos la primera y la última de un individuo adulto, pero cuyas dimensiones son muy inferiores con respecto a las demás especies del género *Toxodon*. Este material se encuentra depositado en el Museo Nacional de Historia Natural de París.

La especie *Toxodon burmeisteri* fue fundada en 1866 por Giebel. Este toxodonte tenía una talla un poco mayor que *Toxodon platensis* y una conformación general algo más delgada. Se distingue por los incisivos medios superiores muy comprimidos en sentido antero-posterior y más anchos que los externos.

Bibliografía

Ameghino, F. "*Observaciones generales sobre el orden de mamíferos extinguidos sudamericanos llamados toxodontes (Toxodontia). Sinópsis de los géneros y especies hasta ahora conocidos*". Anales del Museo de La Plata, I(1): 1-66. 1887.

Ameghino, F. "*Contribución al conocimiento de los mamíferos fósiles de la República Argentina*". Actas de la Academia Nacional de Ciencias de la República Argentina en Córdoba, 6: 376-391. 1889.

Bond, M. "*Quaternary native ungulates of Southern South America. A synthesis*", en Tonni, E. P., y Cione, A. L. (eds.), 1999. "Quaternary vertebrate palaeontology in South America". *Quaternary of South America and Antarctic Peninsula*, volumen especial, 12: 177-205. 1999.

Bond, M., Cerdeño, E., y López, G. "*Los ungulados nativos de América del Sur*". En Alberdi, M. Leone, T., G. y Tonni, E. P. (eds.): *Evolución biológica y climática de la región pampeana durante los últimos cinco millones de años. Un ensayo de correlación con el Mediterráneo occidental*. Museo Nacional de Ciencias Naturales, Consejo Superior de Investigaciones Científicas, Monografías 12: 257-276. Madrid. 1995.

Carlini, A. A., y Tonni, E. P. *Mamíferos fósiles del Paraguay.* Cooperación Técnica Paraguayo-Alemana. Proyecto Sistema Ambiental del Chaco. Proyecto Sistema Ambiental Región Oriental, La Plata, pp 46-47. 2000.

Pascual, R., *et al.* "Vertebrata", en Borrello, A. (editor). *Paleontografía bonaerense*, Comisión de Investigación Científica, La Plata, 4: 172-173. 1966.

Proboscídeos

El orden de los proboscídeos, que en la actualidad está representado por los elefantes, corresponde a los herbívoros de mayor tamaño y especialización que ingresaron a América del Sur durante el *Gran Intercambio Faunístico Americano*. Los proboscídeos hallados en sedimentos pleistocénicos de América del Sur son mastodontes que pertenecen a la familia de los gonfotéridos, que son los que poseen características más primitivas, y dentro de ésta a la subfamilia de los anancinos, representada por los géneros *Stegomastodon*, *Haplomastodon* y *Cuvieronius*, aunque no hay consenso entre los distintos autores respecto de la diversidad genérica y específica del grupo.

Reconstrucción de mastodontes del género *Stegomastodon*.

Los mastodontes anancinos tenían el cráneo con los diámetros transversal y longitudinal casi iguales (braquicéfalo), y con un rostro pequeño. El nombre de esta subfamilia deriva del género euroasiático *Anancus* e incluye a animales con un incurvamiento hacia debajo de la sínfisis mandibular y con incisivos superiores (defensas o "colmillos") provista de una banda de esmalte, por lo menos en la edad juvenil, entre otras características.

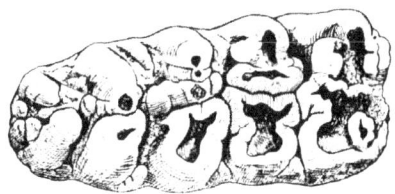

Tercer molar superior derecho del mastodonte *Stegomastodon platensis* (según Pascual *et al.*).

El término mastodonte proviene del griego *mastós*, que significa mama, ya que superficie de la corona de las muelas muestra dos series longitudinales de cúspides cónicas opuestas con forma de mamelones.

Los primeros hallazgos de restos de mastodontes en la Argentina se hicieron a mediados del siglo XVIII, en las barrancas del río Carcarañá, provincia de Santa Fe, y fueron atribuidos a una antigua raza de gigantes. El padre José Guevara los describía entonces como "una muela grande como un puño, casi del todo petrificada, conforme en la exterior contextura a las muelas humanas y solo diferente en la magnitud y en la corpulencia". En la *Revista de Buenos Aires* se publicó en 1766 un artículo en el que se hacía referencia a la extracción de restos contenidos en dos "sepulcros de gigantes" en el arroyo Luna, cerca de Arrecifes, provincia de Buenos Aires. Este descubrimiento había sido realizado por el capitán Esteban Álvarez del Fierro y los restos fueron llevados a Buenos Aires para embarcarlos con destino a España. Previamente a su embarco fueron examinados por tres cirujanos, y uno de ellos, llamado Matías Grimau, opinó bajo juramento que los huesos eran humanos, porque "no se halla en los brutos semejante figura y deformidad agigantada". Sin embargo, en España los identificaron casi correctamente, refiriéndolos a elefantes.

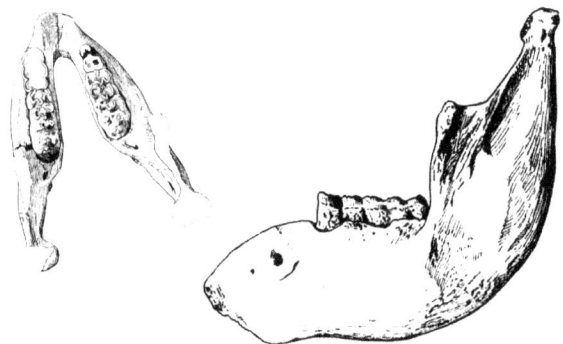

Mandíbula de *Stegomastodon platensis* (según Pascual *et al.*).

El único género registrado en el Cuaternario de Buenos Aires es *Stegomastodon*.

Stegomastodon

El género *Stegomastodon* fundado por Pohlig en 1912. En estos mastodontes el cráneo es alto y las defensas casi rectas, sin banda de esmalte, por lo menos en los adultos. Este género es exclusivo del continente americano y fue muy común en el Plioceno Tardío y en el Pleistoceno de las regiones central y occidental de los Estados Unidos. En América del Sur, el registro de *Stegomastodon* se limita a los sedimentos pleistocénicos de la Argentina, Paraguay, Uruguay y, posiblemente, del sur de Brasil.

La única especie del Cuaternario bonaerense es *Stegomastodon platensis*, registrada en el Ensenadense, Bonaerense y Lujanense y descripta por Ameghino en 1888 *como Mastodon platensis*. El aspecto general y el tamaño de este animal eran similares al de los elefantes actuales. Sin embargo, la morfología de los molares es muy diferente. Estos son cuadrangulares y de gran tamaño, como en los elefantes, pero en lugar de estar formados por un conjunto de láminas adyacentes, la superficie de la corona muestra dos series longitudinales de cúspides cónicas opuestas. Cuando el desgaste actúa sobre la superficie coronaria se manifiestan dos hileras de figuras con forma de tréboles, de complejidad variable.

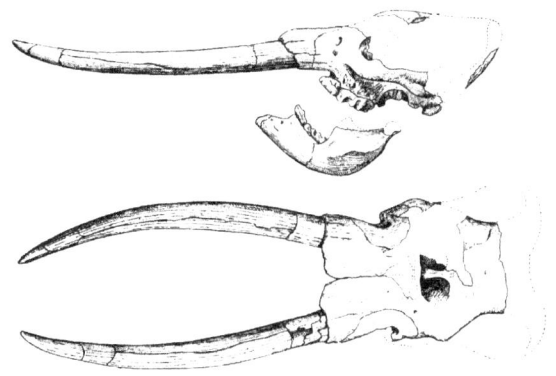

Cráneo y mandíbula de *Stegomastodon platensis* (según Pascual *et al.*).

Entre 1921 y 1922, Rusconi halló en la excavación de la dársena B del Puerto Nuevo una defensa de *Stegomastodon platensis* de 1,17 metro de largo, además de fragmentos de mandíbula y de pelvis, en una capa del Ensenadense. En 1931 realizó un perfil en la excavación de un pozo de toma de agua destinado a comunicar por medio de un túnel situado a unos 10 metros bajos las aguas del Río de la Plata, y que se iba a internar 2 kilómetros en la costa, para obtener agua en forma permanente, sobre todo en los períodos de bajante. En la misma capa ensenadense en la que se descubrieron los primeros restos del megaterio *Megatherium gallardoi*, Rusconi observó cuatro molares de *Stegomastodon platensis*. Otro hallazgo de este mastodonte, consistente en trozos de costillas, lo realizó Parodi en 1931, en las obras de la línea B de subterráneos en Corrientes y avenida Madero.

Bibliografía

Ameghino, F. "*Contribución al conocimiento de los mamíferos fósiles de la República Argentina*". Actas de la Academia Nacional de Ciencias de la República Argentina en Córdoba, 6: 641-643. 1889.

Carlini, A. A., y Tonni, E. P. *Mamíferos fósiles del Paraguay*. Cooperación Técnica Paraguayo-Alemana. Proyecto Sistema Ambiental del Chaco. Proyecto Sistema Ambiental Región Oriental, La Plata, pp 58-59. 2000.

Pascual, R., et al. "Vertebrata", en Borrello, A. (editor). *Paleontografía bonaerense*, Comisión de Investigación Científica, La Plata, 4: 188. 1966.

Rusconi, C. "*Contribución al conocimiento de la geología de la Ciudad de Buenos Aires y sus alrededores y referencia de su fauna*". Actas de la Academia Nacional de Ciencias de la República Argentina, 10: 183, 198, 201 y 219. 1937.

Perisodáctilos

En los perisodáctlos (del griego *perissós*, impar) el plano medio de las patas pasa por el tercer dedo, que es el más desarrollado y asegura el apoyo del cuerpo. En América del Sur, los perisodáctilos pertenecen a las familias de los tapíridos (Tapiridae) y de los équidos (Equidae), que incluyen, respectivamente, a tapires y caballos. Estos animales son descendientes de inmigrantes norteamericanos que ingresaron durante el *Gran Intercambio Faunístico Americano*.

Équidos   Tapíridos

Perisodáctilos de América del Sur.

El primer hallazgo de un resto de un caballo fósil sudamericano fue un molar superior descubierto por Darwin cerca de Bahía Blanca, al que Owen identificó en 1840 como *Equus caballus* (la especie actual) y más tarde, en 1845, lo denominó *Equus curvidens*. Los únicos perisodáctilos registrados en el Cuaternario de Buenos Aires son los équidos, que se encuentran representados por los géneros *Equus* e *Hippidion*. Estos animales se extinguieron al finalizar el Lujanense y fueron reintroducidos por los conquistadores.

Los géneros del Cuaternario de Buenos Aires son *Equus* e *Hippidion*.

Equus

El género *Equus*, fundado por Linneo en 1758, incluye a todos los équidos actuales, como el caballo y las cebras.

En 1950, Robert Hoffstetter, del Museo Nacional de Historia Natural de París, fundó el género *Amerhippus* para incluir a los caballos fósiles de América del Sur y en 1952 lo propuso como un subgénero de *Equus*.

La única especie del Cuaternario bonaerense es *Equus (Amerhippus) neogeus*, exclusiva del Lujanense. Este équido había sido descripto por Lund en 1840 como *Equus neogaeus*. Es la especie de mayor tamaño y gracilidad dentro del subgénero. A esta especie pertenecen los restos descriptos por Henri Gervais y Ameghino en 1880 como *Equus rectidens*.

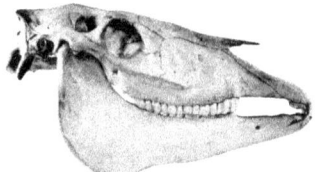

Equus

Hippidion

Cráneos y mandíbulas de caballos de los géneros *Equus* e *Hippidion*.

Bibliografía

Alberdi, M. T., y Prado, J. L. "El registro de *Hippidion* Owen, 1869 y *Equus (Amerhippus)* Hoffstetter, 1950 (Mammalia, Perissodactyla) en América del Sur". *Ameghiniana*, 29 (3) 265-284. 1992.

Ameghino, F. "*Contribución al conocimiento de los mamíferos fósiles de la República Argentina*". Actas de la Academia Nacional de Ciencias de la República Argentina en Córdoba, 6: 503-516. 1889.

Carlini, A. A., y Tonni, E. P. *Mamíferos fósiles del Paraguay*. Cooperación Técnica Paraguayo-Alemana. Proyecto Sistema Ambiental del Chaco. Proyecto Sistema Ambiental Región Oriental, La Plata, pp 76-77. 2000.

Pascual, R., et al. "Vertebrata", en Borrello, A. (editor). *Paleontografía bonaerense*, Comisión de Investigación Científica, La Plata, 4: 189-190. 1966.

Hippidion

El género *Hippidion* (del griego *hippos*, caballo), fundado por Owen en 1869, se caracteriza por la retracción de la hendidura nasal hasta el nivel del segundo molar superior o posterior al tercero. Como consecuencia de esta retracción, el nasal se estrecha y se alarga formando una especie de estilete. El tamaño del cráneo es grande con relación al esqueleto. La dentición es primitiva, ya que comparte ciertos caracteres con *Pliohippus*, una forma ancestral del Plioceno. La conformación de las extremidades, proporcionalmente cortas y anchas, le confieren al animal un aspecto masivo.

Rusconi realizó algunos hallazgos de caballos del género *Hippidion* en la Ciudad de Buenos Aires: en 1923, en Quintino Bocayuva entre Pavón y Tarija halló un incisivo y, en 1931, en la excavación para la toma de agua donde se halló el primer ejemplar de *Megatherium gallardoi*, obtuvo fragmentos de una tibia.

Reconstrucción de un caballo del género *Hippidion*.

Las especies registradas en el Cuaternario bonaerense son *Hippidion principale* (Bonaerense, Lujanense y, con dudas, Ensenadense) y, posiblemente, *Hippidion devillei* (Ensenadense).

La especie *Hippidion principale*, fundada por Lund en 1845 con el nombre *Equus principalis*, es la más grande del género.

Paul Gervais fundó en 1855 a la especie *Hippidion devillei*, que corresponde a équidos de tamaño mediano.

Bibliografía

Alberdi, M. T., y Prado, J. L. "El registro de *Hippidion* Owen, 1869 y *Equus (Amerhippus)* Hoffstetter, 1950 (Mammalia, Perissodactyla) en América del Sur". *Ameghiniana*, 29 (3) 265-284. 1992.

Ameghino, F. "*Contribución al conocimiento de los mamíferos fósiles de la República Argentina*". *Actas de la Academia Nacional de Ciencias de la República Argentina en Córdoba*, 6: 513-521. 1889.

Carlini, A. A., y Tonni, E. P. *Mamíferos fósiles del Paraguay*. Cooperación Técnica Paraguayo-Alemana. Proyecto Sistema Ambiental del Chaco. Proyecto Sistema Ambiental Región Oriental, La Plata, pp 78-79. 2000.

Pascual, R., et al. "Vertebrata", en Borrello, A. (editor). *Paleontografía bonaerense*, Comisión de Investigación Científica, La Plata, 4: 191. 1966.

Rusconi, C. "*Contribución al conocimiento de la geología de la Ciudad de Buenos Aires y sus alrededores y referencia de su fauna*". Actas de la Academia Nacional de Ciencias de la República Argentina, 10: 190 y 201. 1937.

Artiodáctilos

Estos ungulados tienen dos dedos especialmente desarrollados, el tercero y cuarto, entre los que pasa el plano medio de las patas. Estos dos dedos tienden a ser los únicos que tocan el suelo y los otros dos generalmente quedan en el aire, con una tendencia a atrofiarse.

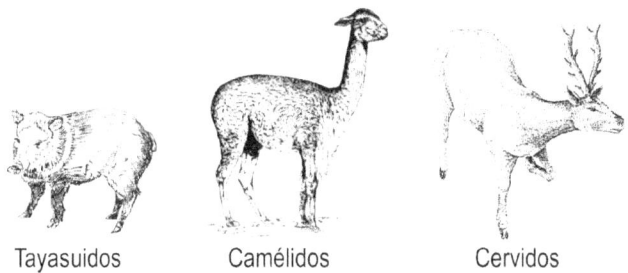

Artiodáctilos de América del Sur.

Los artiodáctilos que ingresaron a América del Sur durante el *Gran Intercambio Faunístico Americano* pertenecían a las familias de los tayasuidos, camélidos y cérvidos.

La familia de los tayasuidos (Tayassuidae) está integrada por los pecaríes. La articulación entre el cráneo y la mandíbula de los tayasuidos es tal que apenas permite un movimiento vertical de la mandíbula, imposibilitando los movimientos laterales. Los caninos son menos desarrollados que en los jabalíes, arqueados o rectilíneos y verticales, y no sobresalen cuando tienen la boca cerrada. Son

Pecarí de collar (*Tayassu tajacu*) (según Hershkovitz).

animales muy versátiles que viven en ambientes muy variados, desde zonas casi desérticas hasta bosques lluviosos tropicales. Tienen una gran predilección por los bulbos de unas plantas llamadas vulgarmente *tayas*, de donde proviene el nombre guaraní *tayasú* (que significa roedores de taya) y el de la familia. De acuerdo al registro fósil, los pecaríes fueron unos de los primeros mamíferos norteamericanos que ingresaron a América del Sur cruzando el puente panameño. Son los artiodáctilos sudamericanos más antiguos. Los géneros del Cuaternario bonaerense son *Tayassu* y *Catagonus*.

Los camélidos (familia Camelidae) son artiodáctilos rumiantes de pelaje largo y lanoso, y cuello y patas muy largas. A diferencia de otros artiodáctilos, los camélidos apoyan gran parte de los dedos al caminar, y no solamente las puntas. Actualmente están representados por los géneros *Camelus* en Asia y en el norte de África y *Lama* en América del Sur. Los géneros de camélidos registrados en el Cuaternario bonaerense son *Lama*, *Hemiauchenia* y *Eulamaops*.

Los cérvidos (familia Cervidae) registrados en el Cuaternario de Buenos Aires están incluidos en los géneros *Paraceros*, *Morenelaphus*, *Antifer*, *Epieuryceros*, *Ozotoceros* y *Blastoceros*.

Tayassu

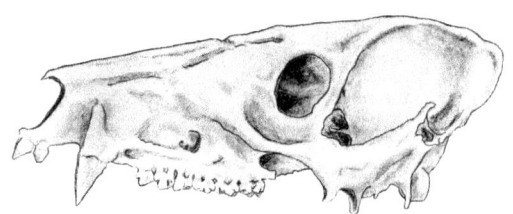

Cráneo del pecarí *Tayassu tajacu* (según Gilbert).

El género *Tayassu* incluye a las especies actuales *Tayassu tajacu* y *Tayassu pecari*, que corresponden, respectivamente, al pecarí de collar y al pecarí labiado. En Buenos Aires se hallaron restos de pecaríes fósiles de este género, y pertenecientes a una especie indeterminada, en sedimentes del Lujanense y del Platense.

Bibliografía

Erlich de Yofre, A., y Seoane, M. C. *El pecarí de collar*. Centro Editor de América Latina, Buenos Aires, 32 pp. 1984.

Pascual, R., et al. "Vertebrata", en Borrello, A. (editor). *Paleontografía bonaerense*, Comisión de Investigación Científica, La Plata, 4: 194-195. 1966.

Catagonus

El género *Catagonus* incluye a los pecaríes de mayor tamaño. Actualmente está representado por la especie *Catagonus wagneri*, que corresponde al pecarí conocido como chancho quimilero, que se lo consideraba extinguida hasta 1975.

El nombre *Catagonus* proviene del griego *katá*, abajo, y *gonía*, ángulo, ya que los premaxilares están fuertemente curvados hacia abajo.

Artiodáctilos

Reconstrucción del pecarí *Catagonus metropolitanus* (según Rusconi).

En el Cuaternario bonaerense, este género está representado por especies indeterminadas del Lujanense y Platense y por *Catagonus metropolitanus*, del Ensenadense, descripta en 1904 por Ameghino a partir de restos procedentes de las toscas del Río de la Plata.

Bibliografía

Carlini, A. A., y Tonni, E. P. *Mamíferos fósiles del Paraguay.* Cooperación Técnica Paraguayo-Alemana. Proyecto Sistema Ambiental del Chaco. Proyecto Sistema Ambiental Región Oriental, La Plata, pp 82-83. 2000.

Pascual, R., et al. "Vertebrata", en Borrello, A. (editor). *Paleontografía bonaerense*, Comisión de Investigación Científica, La Plata, 4: 196. 1966.

Lama

El único camélido del género *Lama* (del quechua *llama*) que habita la provincia de Buenos Aires es el guanaco, que pertenece a la especie *Lama guanicoe*. Se lo encuentra en áreas abiertas, con suelos bien drenados, arenosos o pedregosos, tanto en altura como al nivel del mar. No hay datos que certifiquen su presencia en zonas bajas, pantanosas o con escaso drenaje. Esto hace que el guanaco sea un buen indicador ambiental y climático.

Guanaco (*Lama guanicoe*).

Las investigaciones realizadas por Tonni y Gustavo Politis, de la Facultad de Ciencias Naturales y Museo de la Universidad Nacional de La Plata, demostraron que, durante el Pleistoceno Tardío y parte del Holoceno, el guanaco habitó en todo el territorio de la provincia de Buenos Aires y que su retracción actual se debe fundamentalmente a cambios climáticos. Esta especie se registra en Buenos Aires desde el Bonaerense y, con dudas, en el Ensenadense.

Cráneo y mandíbula del guanaco (*Lama guanicoe*) (según Scott).

En sedimentos depositados durante el Bonaerense y el Lujanense se registra *Lama gracilis*, un pequeño camélido similar a la vicuña actual. Esta especie fue descripta en 1880 por Henri Gervais y Ameghino como *Auchenia gracilis*.

Rusconi menciona varios hallazgos de restos de *Lama* en la Ciudad de Buenos Aires. Así, por ejemplo, en 1920 extrajo una rama mandibular en un corte del terreno en lo que se llamaba la Loma de Chiclana, limitada por las calles Patagones, Muñiz, Treinta y Tres Orientales y Rondeau. En una barranca ubicada en la calle Murgiondo entre Unanué y Barros Pazos recogió una muela. En 1934 halló una porción humeral distal en la excavación para el emplazamiento del edificio Shell-Mex, en Esmeralda y Cangallo.

Bibliografía

Ameghino, F. "*Contribución al conocimiento de los mamíferos fósiles de la República Argentina*". *Actas de la Academia Nacional de Ciencias de la República Argentina en Córdoba*, 6: 580-588. 1889.

Galliari, C. A., Berman, W. D., y Goin, F. J. "*Mamíferos*". *Situación Ambiental de la Provincia de Buenos Aires. A. Recursos y rasgos naturales en la evaluación ambiental*, Comisión de Investigaciones Científicas, Provincia de Buenos Aires, 5: 19. 1991.

Pascual, R., *et al.* "Vertebrata", en Borrello, A. (editor). *Paleontografía bonaerense*, Comisión de Investigación Científica, La Plata, 4: 198. 1966.

Rusconi, C. "*Contribución al conocimiento de la geología de la Ciudad de Buenos Aires y sus alrededores y referencia de su fauna*". Actas de la Academia Nacional de Ciencias de la República Argentina, 10: 189. 190, 193 y 216. 1937.

Tonni, E. P., y Politis, G. G. "*La distribución del guanaco (Mammalia, Camelidae) en le Provincia de Buenos Aires durante el Pleistoceno Tardío y Holoceno. Los factores climáticos como causa de su retracción*". Ameghiniana, 17 (1): 53-66. 1980.

Hemiauchenia

Este género fue fundado por Henri Gervais y Ameghino en 1880. La especie tipo del género es *Hemiauchenia paradoxa*, fundada sobre un cráneo incompleto depositado en el Museo Nacional de Historia Natural de París.

Reconstrucción del camélido *Hemiauchenia paradoxa* (según Carlini y Tonni).

Este camélido, el de mayor tamaño de los que habitaron América del Sur, medía aproximadamente 2,5 metros de altura, era netamente corredor y estaba adaptado a áreas abiertas de pastizales, de los cuales se alimentaba. En Buenos Aires se registra en el Bonaerense y el Lujanense.

En 1931, Rusconi descubrió en la calle Besares casi Grecia restos craneanos y del esqueleto de cuatro individuos de la especie *Hemiauchenia paradoxa*, dos adultos y dos juveniles.

Bibliografía

Ameghino, F. "*Contribución al conocimiento de los mamíferos fósiles de la República Argentina*". Actas de la Academia Nacional de Ciencias de la República Argentina en Córdoba, 6: 593-594. 1889.

Carlini, A. A., y Tonni, E. P. *Mamíferos fósiles del Paraguay*. Cooperación Técnica Paraguayo-Alemana. Proyecto Sistema Ambiental del Chaco. Proyecto Sistema Ambiental Región Oriental, La Plata, pp 62-63. 2000.

Rusconi, C. "*Contribución al conocimiento de la geología de la Ciudad de Buenos Aires y sus alrededores y referencia de su fauna*". Actas de la Academia Nacional de Ciencias de la República Argentina, 10: 205. 1937.

Paleolama

El género *Paleolama* se debe a Paul Gervais, quien lo fundó en 1867 a partir de *Auchenia weddelli*. La especie registrada en el Cuaternario bonaerense en *Paleolama weddelli*, del Ensenadense. Esta especie incluye a camélidos con una talla aproximadamente un tercio mayor que la del guanaco.

Reconstrucción del camélido *Paleolama weddelli* (según Rusconi).

Rusconi halló en 1920 un molar en la llamada Loma de Chiclana. En ese mismo año extrajo restos de una extremidad anterior, desde la parte inferior del cúbito hasta las falanges ungueales, y en la barranca de la calle Murgiondo entre Unanué y Barros Pazos halló un trozo de rama mandibular con tres dientes.

Bibliografía

Ameghino, F. *"Contribución al conocimiento de los mamíferos fósiles de la República Argentina"*. Actas de la Academia Nacional de Ciencias de la República Argentina en Córdoba, 6: 590-591. 1889.

Pascual, R., et al. "Vertebrata", en Borrello, A. (editor). *Paleontografía bonaerense*, Comisión de Investigación Científica, La Plata, 4: 197. 1966.

Rusconi, C. *"Contribución al conocimiento de la geología de la Ciudad de Buenos Aires y sus alrededores y referencia de su fauna"*. Actas de la Academia Nacional de Ciencias de la República Argentina, 10: 189 y 193. 1937.

Eulamaops

El género *Eulamaops*, fundado por Ameghino en 1889 a partir de la especie *Auchenia parallela* que había descripto en 1884, está representada en Buenos Aires por *Eulamaops paralellus*, del Lujanense.

El primer hallazgo de restos de esta especie fue realizado por Carlos Ameghino en las barrancas del río Luján, en la localidad del mismo nombre. Las muelas de este camélido poseen una forma similar a las del guanaco, pero son notablemente más grandes.

Bibliografía

Ameghino, F. "Contribución al conocimiento de los mamíferos fósiles de la República Argentina". *Actas de la Academia Nacional de Ciencias de la República Argentina en Córdoba,* 6: 594-595. 1889.

Pascual, R., et al. "Vertebrata", en Borrello, A. (editor). *Paleontografía bonaerense*, Comisión de Investigación Científica, La Plata, 4: 198. 1966.

Paraceros

El género *Paraceros*, fundado por Ameghino en 1889, incluye a ciervos con cuernos largos, con la mayor parte de las ramificaciones de un solo lado y que son muy inclinados hacia los lados y atrás.

Reconstrucción del ciervo *Paraceros fragilis* (según Rusconi).

La única especie del Cuaternario bonaerense es *Paraceros fragilis*, del Bonaerense y Lujanense, que fue descripta por Ameghino en 1888 como *Cervus fragilis*. Esta especie está fundada sobre un cuerno largo pero muy delgado, casi completamente cilíndrico en toda su extensión y de superficie con pequeños surcos longitudinales apenas marcados, con un largo de unos 40 centímetros medido en línea recta. La base del cuerno tiene 1,9 centímetro de diámetro y es casi completamente cilíndrica. Por las características del cuerno, hallado en las barrancas del río Arrecifes, Ameghino suponía que se trata de un ciervo muy pequeño y esbelto. El nombre específico hace referencia a que, debido a su delgadez, la cornamenta es sumamente frágil y se destruye fácilmente.

En 1931, Rusconi halló una cornamenta bastante completa de *Paraceros fragilis* en una excavación de las Obras de Salubridad de la Nación en el barrio de Belgrano (donde hoy se encuentra la planta de Aguas Argentinas).

Bibliografía

Ameghino, F. "Contribución al conocimiento de los mamíferos fósiles de la República Argentina". *Actas de la Academia Nacional de Ciencias de la República Argentina en Córdoba*, 6: 605-607. 1889.

Castellanos, A. *"Notas sobre algunas cornamentas de ciervos de los géneros Epieuryceros, Antifer y Paraceros, y descripción de la de Epieuryceros proximus, n. sp.".* Publicaciones del Instituto de Fisiografía y Geología, Universidad Nacional del Litoral, 24: 5-23. 1945.

Rusconi, C. *"Contribución al conocimiento de la geología de la Ciudad de Buenos Aires y sus alrededores y referencia de su fauna"*. Actas de la Academia Nacional de Ciencias de la República Argentina, 10: 199. 1937.

Morenelaphus

El género *Morenelaphus* fue fundado por Eduardo Carette en 1922, basándose en la especie *Cervus brachyceros*, que había sido descripta por Henri Gervais y Ameghino en 1880. Este género, que Carette dedicó a Francisco Pascasio Moreno, es característico del Pleistoceno Medio y Tardío de la provincia de Buenos Aires. Su tamaño era menor que el de los actuales ciervos de los pantanos. La cornamenta estaba formada por cuernos robustos, cilíndricos o algo achatados, arqueados longitudinalmente en forma de "S" y terminados en dos o tres puntas. Muy próxima a la inserción del cuerno en el cráneo nace una primera ramificación, la garceta, con dos o tres puntas, y más arriba las sucesivas ramificaciones, que poseen una sola punta.

Reconstrucción del ciervo *Morenelaphus brachyceros*.

En Buenos Aires se registran las especies *Morenelaphus brachyceros*, del Bonaerense, y *Morenelaphus lujanensis*, del Bonaerense y Lujanense.

La especie *Morenelaphus brachyceros* fue descripta por Gervais y Ameghino como *Cervus brachyceros*, quienes se basaron en la parte inferior de un cuerno roto. El nombre específico deriva del griego *brachys*, corto, y *kéras*, cuerno, debido a que estos científicos suponían que la cornamenta completa era pequeña. La rama principal de la cornamenta de *Morenelaphus brachyceros* es un poco aplastada en todo su largo, de un diámetro bastante uniforme de 2,5 a 3 centímetros, menos en la base y en las bifurcaciones, en donde es un poco más grueso. La primera bifurcación sale a 1,5 centímetros por encima de la corona de la base. La rama principal forma una pequeña curva dirigida hacia atrás hasta que, a unos 14 centímetros de la base, sale una bifurcación simple y cilíndrica, dirigida hacia fuera, de 18 centímetros de largo medida en línea recta. A partir de este punto, la rama principal forma una curva en sentido contrario y se dirige hacia delante. A unos 15 centímetros más arriba se desprende otra rama sobre el mismo lado y en la misma dirección que la anterior, pero algo más gruesa. Ameghino halló restos de esta especie en Luján y Mercedes.

Cuerno de *Morenelaphus brachyceros* (según Pascual *et al.*).

La especie *Morenelaphus lujanensis* fue descripta por Ameghino en 1888 como *Cervus lujanensis* a partir de un cuerno casi entero, que sugiere un animal de talla algo superior al de la especie *Morenelaphus brachyceros*. El cuerno de *Morenelaphus lujanensis* se distingue por ser proporcionalmente más delgado, por la curva de la rama principal que se dirige primero hacia atrás y hacia abajo como en *Morenelaphus brachyceros*, pero se invierte luego en sentido opuesto, dirigiéndose hacia arriba mucho antes de la segunda bifurcación. La cara interna está cubierta por verrugas altas y aisladas, que desaparecen en la parte superior, donde están reemplazadas por surcos longitudinales poco marcados.

Bibliografía

Ameghino, F. "*Contribución al conocimiento de los mamíferos fósiles de la República Argentina*". Actas de la Academia Nacional de Ciencias de la República Argentina en Córdoba, 6: 602-603. 1889.

Carette, E. "*Ciervos actuales y fósiles de Sud América*". Revista del Museo de La Plata, 26: 393-472. 1922.

Carlini, A. A., y Tonni, E. P. *Mamíferos fósiles del Paraguay*. Cooperación Técnica Paraguayo-Alemana. Proyecto Sistema Ambiental del Chaco. Proyecto Sistema Ambiental Región Oriental, La Plata, pp 68-69. 2000.

Antifer

El género *Antifer* fue fundado por Ameghino en 1889 basándose en la especie *Cervus ultra*, que había descripto en 1888. Los representantes de este género se distinguen por poseer talla grande, semejante a la del ciervo de los pantanos. Los cuernos son muy grandes, aplastados en todo su largo, fuertemente ensanchados en las bifurcaciones y con un aspecto similar a los del reno. Las especies registradas en el Cuaternario bonaerense son *Antifer ultra*, del Bonaerense, y *Antifer ensenadensis*, del Ensenadense.

Ameghino fundó la especie *Antifer ultra* a partir de un extremo distal de un cuerno que había sido hallado en la laguna Adela, provincia de Buenos Aires. La especie *Antifer ensenadensis* también fue fundada por Ameghino.

Cuerno de un ciervo del género *Antifer* (según Pascual *et al.*).

Rusconi descubrió en 1931 una cornamenta bastante completa que atribuyó a la especie *Antifer ensenadensis*, en una excavación de las Obras de Salubridad de la Nación en el barrio de Belgrano. Este hallazgo lo realizó en la misma capa de donde extrajo la cornamenta que asignó a *Paraceros fragilis*.

Bibliografía

Ameghino, F. "Contribución al conocimiento de los mamíferos fósiles de la República Argentina". *Actas de la Academia Nacional de Ciencias de la República Argentina en Córdoba*, 6: 610. 1889.

Castellanos, A. "Notas sobre algunas cornamentas de ciervos de los géneros *Epieuryceros*, *Antifer* y *Paraceros*, y descripción de la de *Epieuryceros proximus*, n. sp.". *Publicaciones del Instituto de Fisiografía y Geología*, Universidad Nacional del Litoral, 24: 5-23. 1945.

Pascual, R., et al. "Vertebrata", en Borrello, A. (editor). *Paleontografía bonaerense*, Comisión de Investigación Científica, La Plata, 4: 202. 1966.

Rusconi, C. "Contribución al conocimiento de la geología de la Ciudad de Buenos Aires y sus alrededores y referencia de su fauna". *Actas de la Academia Nacional de Ciencias de la República Argentina*, 10: 199. 1937.

Epieuryceros

El género *Epieuryceros* fue fundado en 1889 por Ameghino a partir de un fragmento de cornamenta proveniente de los depósitos ensenadenses expuestos durante la construcción del puerto de La Plata. Los ciervos del género *Epieuryceros* se caracterizaban por tener cuernos muy ramificados o con forma de palma. Poseen cinco o seis candiles distribuidos a modo de abanico. El nombre del género proviene del griego *epi*, encima, *eurys*, ancho, y *kéras*, cuerno.

Reconstrucción del ciervo *Epieuryceros proximus* (según Rusconi).

En el Cuaternario de Buenos Aires se registran las especies *Epieuryceros truncus* (la especie tipo) y *Epieuryceros proximus* (fundada por Castellanos en 1945), ambas del Ensenadense.

Bibliografía

Ameghino, F. *"Contribución al conocimiento de los mamíferos fósiles de la República Argentina"*. Actas de la Academia Nacional de Ciencias de la República Argentina en Córdoba, 6: 613-614. 1889.

Carette, E. *"Ciervos actuales y fósiles de Sud América"*. Revista del Museo de La Plata, 26: 393-472. 1922.

Castellanos, A. *"Notas sobre algunas cornamentas de ciervos de los géneros Epieuryceros, Antifer y Paraceros, y descripción de la de Epieuryceros proximus, n. sp."*. Publicaciones del Instituto de Fisiografía y Geología, Universidad Nacional del Litoral, 24: 5-23. 1945.

Churcher, C. S. *"Observaciones sobre el status taxonómico de Epieuryceros Ameghino 1889 y sus especies E. truncus y E. proximus"*. Ameghiniana, 4 (10): 351-362. 1966.

Ozotoceros

El género *Ozotoceros*, fundado por Ameghino en 1891, está representado en el Cuaternario de Buenos Aires por *Ozotoceros bezoarticus*, especie a la cual pertenece el actual venado de las pampas, la que se registra desde el Platense o, con dudas, desde el Lujanense. El nombre del género deriva del griego *ozo*, oler, y *kéras*, cuerno, ya que el macho tiene olor a ajo.

La cornamenta del venado de las pampas está compuesta por dos cuernas (ramas principales) delgadas bastante lisas con tres puntas en cada una. Una de ellas es simple y dirigida hacia adelante. La otra está dirigida hacia atrás y ramificada en dos puntas en la parte superior. Los dedos laterales (segundo y quinto) son sumamente pequeños. La alzada de este animal es de unos 70 centímetros y su cornamenta rara vez pasa los 30 centímetros.

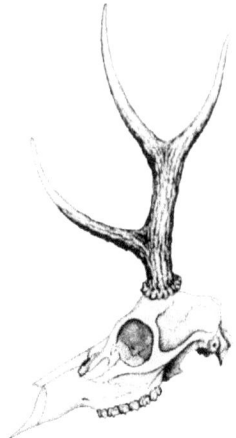

Cráneo del ciervo de los pantanos (*Ozotoceros bezoarticus*).

Bibliografía

Carette, E. "*Ciervos actuales y fósiles de Sud América*". Revista del Museo de La Plata, 26: 393-472. 1922.

Carlini, A. A., y Tonni, E. P. *Mamíferos fósiles del Paraguay*. Cooperación Técnica Paraguayo-Alemana. Proyecto Sistema Ambiental del Chaco. Proyecto Sistema Ambiental Región Oriental, La Plata, pp 70-71. 2000.

Chebez, J. C. *Los que se van. Especies argentinas en peligro*. Albatros, Buenos Aires, 298-311. 1994.

Pascual, R., *et al*. "Vertebrata", en Borrello, A. (editor). *Paleontografía bonaerense*, Comisión de Investigación Científica, La Plata, 4: 200. 1966.

Blastoceros

Ciervo de la especie *Blastoceros dichotomus* (según Carlini y Tonni).

El nombre del género *Blastoceros*, fundado por Johann Wagner en 1844, proviene del griego *blastós*, que significa brote, y *kéras*, cuerno o asta. El ciervo de los pantanos, el más grande de los ciervos sudamericanos actuales, pertenece a la especie *Blastoceros dichotomus*, que en Buenos Aires se registra desde el Platense. Su altura en la cruz oscila entre 1,1 a 1,3 metro. Las cornamentas están bien desarrolladas, con un largo de unos 55 centímetros. Son grandes y gruesas y generalmente presentan cuatro puntas con dos garcetas bifurcadas, una hacia arriba y la otra hacia adelante.

Bibliografía

Ameghino, F. "*Contribución al conocimiento de los mamíferos fósiles de la República Argentina*". *Actas de la Academia Nacional de Ciencias de la República Argentina en Córdoba*, 6: 607-609. 1889.

Carlini, A. A., y Tonni, E. P. *Mamíferos fósiles del Paraguay.* Cooperación Técnica Paraguayo-Alemana. Proyecto Sistema Ambiental del Chaco. Proyecto Sistema Ambiental Región Oriental, La Plata, pp 72-73. 2000.

Chebez, J. C. *Los que se van. Especies argentinas en peligro*. Albatros, Buenos Aires, 312-318. 1994.

Pascual, R., et al. "Vertebrata", en Borrello, A. (editor). *Paleontografía bonaerense*, Comisión de Investigación Científica, La Plata, 4: 200-201. 1966.

Carnívoros

En los integrantes del orden de los carnívoros (Carnivora), los incisivos son relativamente pequeños y más o menos puntiagudos; los caninos, que a veces alcanzan un tamaño descomunal, son fuertes, puntiagudos y cortantes. Los molares posteriores de las formas de régimen alimenticio mixto, como los osos, son de corona baja y triturante, tuberculados. El cuarto premolar superior y el primer molar inferior de las formas de hábitos más claramente carniceros, principalmente en las recientes, tienen como función principal cortar la carne y reciben por esta razón el nombre de dientes carniceros.

Carnívoros sudamericanos.

En el Cuaternario de Buenos Aires, los carnívoros están representados por las familias de los cánidos (Canidae), félidos (Felidae), úrsidos (Ursidae), mustélidos (Mustelidae) y prociónidos (Procyonidae).

La familia de los cánidos fue fundada por el inglés John Gray en 1821. El cráneo es notable por el volumen de la caja cerebral y por el alargamiento del rostro. Las extremidades son semidigitígradas, pentadáctilas en su origen y luego con los dígitos I muy reducidos. Las uñas no son retráctiles ni desgarrantes y la cola es larga. Actualmente está representada por lobos, perros y zorros, entre otros animales. Los integrantes de este grupo poseen a cada lado del maxilar superior y en cada rama mandibular tres incisivos, un canino, cuatro premolares y dos o tres molares. En el Cuaternario bonaerense, la familia de los cánido está representada por los géneros *Canis*, *Theriodictis*, *Dusicyon* y *Protocyon*.

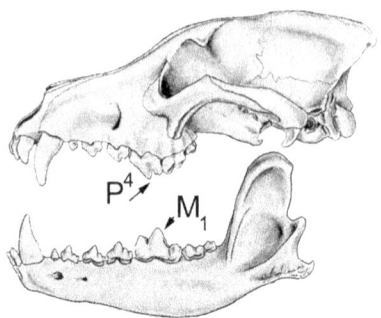

Dientes carniceros de un cánido del género Canis (modificado de Gilbert).

La familia de los félidos también fue fundada en 1821 por Gray. La dentadura de estos animales se compone de tres incisivos, un canino, entre dos y cuatro premolares y un molar a cada lado del maxilar superior y tres incisivos, un canino, entre uno y tres premolares y uno o dos molares en cada rama mandibular. El cráneo es globoso con el hocico corto. Las extremidades son largas y delgadas, digitígradas, las manos son pentadáctilas y los pies frecuentemente tetradáctilos. Las uñas son retráctiles.

La familia de los félidos está representada actualmente por las subfamilias de los panterinos y de los felinos. En América del Sur, la subfamilia de los panterinos incluye al jaguar o yaguareté (*Panthera onca*), mientras que la de los felinos comprende al puma (*Felis concolor*), al ocelote o gato onza (*Felis pardalis*), al tirica o gato tigre (*Felis tigrina*), al margay (*Felis wiedii*), al gato pajero (*Felis colocolo*), al gato andino (*Felis jacobita*), al gato de Geoffroy o montés (*Felis geoffroyi*), a la huiña (*Felis guigna*) y al yaguarundí (*Felis yaguaroundi*). Las formas fósiles incluyen, además, a la subfamilia de los macairodontinos, representada por los especializados "tigres de dientes de sable" del género *Smilodon*. Los macairodontinos eran félidos, generalmente de gran tamaño, provistos de enormes caninos superiores transformados en formidables defensas.

Los osos (familia Ursidae) fueron los mamíferos del orden Carnivora de mayor tamaño que ingresaron a América del Sur durante el Pleistoceno. Estos animales no son estrictamente carnívoros sino mayoritariamente omnívoros, ya que se nutren de alimentos muy variados, tales como carne, frutos, raíces y miel. La única especie de la familia de los úrsidos que actualmente vive en América del Sur pertenece al género *Tremarctos* y se la conoce como oso de anteojos o ucumari. Este oso habita en las zonas montañosas del oeste de Venezuela, Colombia, Ecuador, Perú y Oeste de Bolivia, hasta los 3.000 metros de altura. El único género del Cuaternario de Buenos Aires es *Arctotherium*.

La familia de los mustélidos (Mustelidae) está formada por carnívoros pequeños a medianos, delgados y alargados, de patas muy cortas y cola bien desarrollada. Muchas especies tienen a los lados de la abertura anal unas glándulas que emiten secreciones pestilentes. Las subfamilias que viven en América del Sur son los mustelinos (mustelas), galictinos (hurones), lutrinos (lobitos del río) y mefitinos (zorrinos). Los géneros de mustélidos registrados en el Cuaternario bonaerense son *Galictis*, *Lyncodon*, *Stipanicicia* (galictinos), *Lontra* (lutrinos) y *Conepatus* (mefitinos).

Los prociónidos constituyen una familia en la que algunos autores incluyen al panda de Asia; en América del Sur comprende actualmente a los coatíes, mapaches y ositos lavadores de los géneros

Nasua, Bassaricyon, Nasuella, Potos y *Procyon*. El único género registrado en el Cuaternario de Buenos Aires es *Cyonasua*.

Canis

El nombre de este género, que fue fundado por Lineo en 1766, proviene del latín *canis*, que significa perro. En el Cuaternario de Buenos Aires, las especies del género *Canis* son *Canis gezi*, del Ensenadense, y *Canis nehringi*, del Platense.

Reconstrucción del cánido *Canis gezi* (según Rusconi).

La especie *Canis gezi* fue fundada por Lucas Kraglievich en 1928 a partir de un cráneo y mandíbula, algunas porciones de vértebra y dos fragmentos de húmero procedentes de sedimentos ensenadenses de una excavación realizada en Wilde. Estos restos habían sido donados al entonces Museo Nacional en 1914 y designados en 1917 como una especie indeterminada del género *Stereocyon* por Alcides Mercerat. Kraglievich dedicó esta especie al profesor Juan W. Gez, quien realizó importantes hallazgos paleontológicos en la provincia de Corrientes. El cráneo se parece más al del lobo que al del perro doméstico.

Ameghino fundó la especie *Canis nehringi* en 1902 a partir de la subespecie *Canis jubatus fossilis*, fundada por Burmeister en 1879. Burmeister atribuyó estos restos a una forma fósil del aguará-guazú (*Chrysocyon brachyurus*), cánido que actualmente habita en el noreste de la Argentina y que Desmarest había incluido en la especie *Canis jubatus*. La adjudicación carente de fundamento a la misma especie que el aguará-guazú mereció una severa crítica del especialista profesor Nehring, a quien Ameghino dedicó la nueva especie *Canis nehringi*, la cual mantiene actualmente su validez. El cráneo de este cánido se parece más al de un perro doméstico que al de lobo, pero el tamaño considerable de los molares carniceros concuerda con el de este último.

Bibliografía

Ameghino, F. "*Contribución al conocimiento de los mamíferos fósiles de la República Argentina*". Actas de la Academia Nacional de Ciencias de la República Argentina en Córdoba, 6: 302. 1889.

Kraglievich, L. "*Contribución al conocimiento de los grandes cánidos extinguidos de Sud América*". Anales de la Sociedad Científica Argentina, 106:25-66. 1928.

Theriodictis

Este género fue fundado por Alcides Mercerat en 1891 e incluye a cánidos del tamaño de un lobo que en el Cuaternario de Buenos Aires está representado únicamente por la especie *Theriodictis platensis*, del Ensenadense.

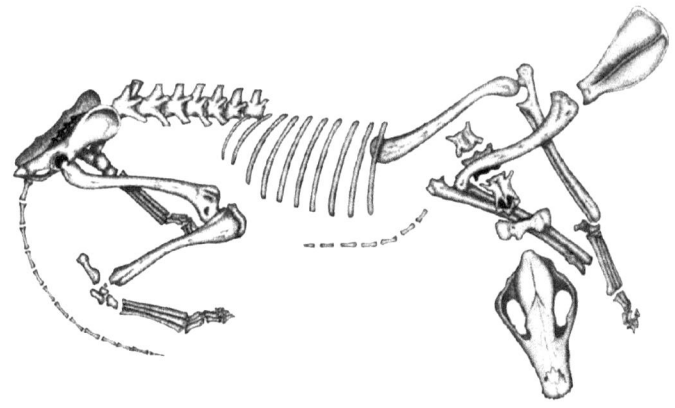

Esqueleto del cánido *Theriodictis platensis* hallado en Ramallo (según Prevosti).

En 1891, Mercerat publicó en la Revista del Museo de La Plata, institución donde se desempeñaba como encargado de paleontología, un trabajo sobre los caracteres diagnósticos de los dientes de varios mamíferos fósiles. Mercerat clasificó erróneamente a todos estos materiales, consistentes en dientes sueltos y maxilares, dentro del grupo de los creodontos, unos mamíferos fósiles que no vivían en América del Sur y que estaban adaptados a un régimen alimenticio basado en la captura de presas vivas. Estos animales vivieron entre hace unos 60 millones de años hasta aproximadamente 7 millones de años atrás y son considerados como el grupo hermano de los carnívoros. Uno de los dientes que estudió Mercerat provenía de Mar del Plata y consistía en un molar con un trozo incompleto de mandíbula de un animal desconocido hasta entonces, al que llamó *Theriodictis platensis*. En 1917, Carlos Ameghino, después de examinar este molar llegó a la conclusión de que se trataba del molar carnicero inferior de un gran cánido, y no de un creodonto. A ese mismo resultado llegó también en ese año su discípulo, Lucas Kraglievich. Posteriormente se conoció también el cráneo de este gran cánido hasta que, en 1992, en las barrancas de río Paraná, partido de Ramallo, Damián Voglino descubrió un esqueleto prácticamente completo de *Theriodictis platensis*, que fuera estudiado por Juan Francisco Prevosti. Los sedimentos portadores se depositaron en el Ensenadense y, de acuerdo a investigaciones previas realizadas en las cercanías, tendrían una antigüedad cercana a los 700.000 años. En el año 2000, un grupo de aficionados a la paleontología de San Pedro, provincia de Buenos Aires (que en 2003 fundó el Museo Paleontológico Municipal "Fray Manuel de Torres") descubrió en esa ciudad el segundo esqueleto conocido de *Theriodictis platensis*.

Para la paleontóloga Annalisa Berta, de la San Diego State University, Estados Unidos, tanto *Theriodictis platensis* como su pariente cercano, *Theriodictis tarijensis*, descubierto en Bolivia, poseían hábitos altamente predadores, desempeñándose como cazadores que perseguían a sus presas y también eran parcialmente carroñeros.

Bibliografía

Berman, W. D. *Los carnívoros continentales (Mammalia, Carnivora) del Cenozoico en la provincia de Buenos Aires*. Tesis Doctoral (inédita), Facultad de Ciencias Naturales y Museo, Universidad Nacional de La Plata. 1994.

Berta, A. *"Evolution of large canids in South America"*. En: Anais II Congreso Latino-Americano de Paleontologia, Porto Alegre, 2: 835-845. 1981.

Carlini, A. A., y Tonni, E. P. *Mamíferos fósiles del Paraguay*. Cooperación Técnica Paraguayo-Alemana. Proyecto Sistema Ambiental del Chaco. Proyecto Sistema Ambiental Región Oriental, La Plata, pp 88-89. 2000.

Kraglievich, L. *"Notas paleontológicas: Examen crítico de un trabajo del Señor Alcides Mercerat"*. Anales de la Sociedad Científica Argentina, 83: 262-279. 1917.

Kraglievich, L. *"Contribución al conocimiento de los grandes cánidos extinguidos de Sud América"*. Anales de la Sociedad Científica Argentina, 106: 25-66. 1928.

Mercerat, A. *"Caracteres diagnósticos de algunas especies de Creodonta conservadas en el Museo de La Plata"*. Revista del Museo de La Plata, 2: 51-52. 1891.

Pascual, R., et al. "Vertebrata", en Borrello, A. (editor). *Paleontografía bonaerense*, Comisión de Investigación Científica, La Plata, 4: 148. 1966.

Prevosti, F. J., y Palmqvist, P."*Análisis ecomorfológico del cánido hipercarnívoro Theriodictis platensis Mercerat (Mammalia, Carnivora), basado en un nuevo ejemplar del Pleistoceno de Argentina"*. Ameghiniana, 38 (4): 375-384. 2001.

Dusicyon

El género *Dusicyon*, fundado por el zoólogo inglés Hamilton Smith en 1839, incluye a zorros fósiles y vivientes. El nombre deriva del griego *dúsis*, occidente, y *cyon*, perro. Las especies del Cuaternario bonaerense son *Dusicyon ensenadensis*, del Ensenadense; *Dusicyon cultridens*, del Ensenadense al Lujanense; *Dusicyon gymnocercus*, registrada en todo el Cuaternario, *Dusicyon culpaeus*, del Ensenadense al Platense y *Dusicyon avus*, del Lujanense y Platense.

Zorro del género *Dusicyon*

En una barranca de una loma que tenía varias hectáreas y que comprendía las calles Caseros, Brasil, Deán Funes y Jujuy, en lo que más tarde sería el Instituto Félix Bernasconi, Rusconi halló en 1919 restos de un cánido indeterminado, que asignó al género *Canis*, y, a mayor profundidad, porciones del cráneo, mandíbula y parte del esqueleto de un zorro fósil que asignó al género *Pseudalopex*, que para algunos autores es sinónimo de *Dusicyon*. Entre 1922 y 1936 extrajo parte de un diente, que atribuyó también a ese género, en las cercanías del viejo Puente de la Noria.

La especie *Dusicyon ensenadensis* fue descripta en 1888 por Ameghino como *Canis ensenadensis*, quien se basó en una mandíbula procedente de las obras del puerto de La Plata.

En 1880, Henri Gervais y Ameghino fundaron a la especie *Dusicyon cultridens* a partir de una mandíbula procedente de Buenos Aires y vendida al Museo del Jardín de Plantas de París por el francés François Séguin.

El zorro pampeano, también llamado zorro gris común o zorro gris de las pampas, pertenece a la especie *Dusicyon gymnocercus*, fundada por Fischer en 1814. Este zorro actualmente habita en la llanura chacopampeana y las sierras de Córdoba y San Luis. Mide hasta 1 metro de largo total y tiene una masa de 4,6 kilogramos. Esta especie es un indicador paleoclimático, ya que vive en condiciones templadas y húmedas.

El actual zorro colorado está incluido en la especie *Dusicyon culpaeus*, que vivió en la provincia de Buenos Aires hasta antes de la época de la conquista. Actualmente habita en la Patagonia y en todo el oeste de la Argentina. Este animal tiene una longitud total de hasta 1,15 metro y su masa es de 8 kilogramos. Los restos de este zorro indican paleoclimas áridos con un amplio rango de temperatura.

La especie *Dusicyon avus* fue descripta por Burmeister en 1864 con el nombre *Canis avus* (*avus* significa abuelo en latín) sobre la base del hallazgo de un cráneo en sedimentos pleistocénicos de la provincia de Buenos Aires. Este cánido se registra desde mediados del Pleistoceno hasta el Holoceno Temprano de Chile y hasta el Holoceno Tardío en la Argentina. En ambos países se recuperó de sitios arqueológicos asociado con fauna extinguida y también con fauna actual, como lo demuestran las investigaciones realizadas entre 1980 y 1981 por Tonni y Politis. Del análisis realizado por Tonni y Walter Berman de varios restos de este cánido, provenientes del Pleistoceno Tardío y depositados en el Museo de La Plata, en el Museo Argentino de Ciencias Naturales "Bernardino Rivadavia" y en el Museo de Ciencias Naturales de Lobería, provincia de Buenos Aires, se infiere que el *Dusicyon avus* poseía un aspecto robusto, con una conformación craneana semejante, aunque de menor tamaño, a la observada en otros grandes cánidos extinguidos, como el *Canis gezi* y el *Canis nehringi*. La estructura dentaria muestra un régimen marcadamente carnicero.

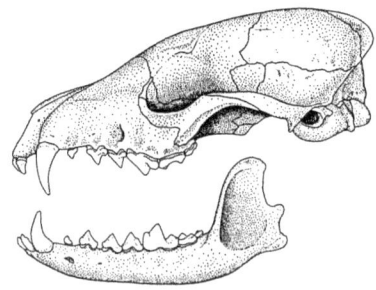

Cráneo y mandíbula del zorro gris pampeano, *Dusicyon gymnocercus* (según Chebez).

Una tendencia actual es tratar a los zorros sudamericanos vivientes (que la mayoría de los autores incluyen en por lo menos dos géneros: *Dusicyon* y *Pseudalopex*) como un único género, *Lycalopex*.

Así, se considera el zorro de las islas Malvinas (*Lycalopex australis*) extinguido en la década de 1870, el zorro gris de las pampas (*Lycalopex gymnocercus*), el zorro gris chico de la Patagonia (*Lycalopex griseus*), el zorro inca (*Lycalopex inca*) y el zorro colorado (*Lycalopex culpaeus*).

Bibliografía

Ameghino, F. "*Contribución al conocimiento de los mamíferos fósiles de la República Argentina*". Actas de la Academia Nacional de Ciencias de la República Argentina en Córdoba, 6: 297-298 y 303-304. 1889.

Erlich de Yofre, A., Crespo, J. A., y Castillo, O. *Los zorros*. Centro Editor de América Latina, Buenos Aires, 32 pp. 1988.

Pascual, R., *et al*. "Vertebrata", en Borrello, A. (editor). *Paleontografía bonaerense*, Comisión de Investigación Científica, La Plata, 4: 147-148. 1966.

Rusconi, C. "*Contribución al conocimiento de la geología de la Ciudad de Buenos Aires y sus alrededores y referencia de su fauna*". Actas de la Academia Nacional de Ciencias de la República Argentina, 10: 191 y 196. 1937.

Tonni, E. P., Cione, A. L., y Figini, A. J. "*Predominance of arid climates indicated by mammals in the pampas of Argentina during the Late Pleistocene and Holocene*". Palaeogeography, Palaeoclimatology, Palaeoecology, 147: 257-281. 1998.

Tonni, E. P. y Politis, G. G., "*Un gran cánido del Holoceno de la provincia de Buenos Aires y el registro prehispánico de Canis (Canis) familiaris en las áreas pampeana y patagónica*". Ameghiniana, 18 (3- 4): 251-265. 1981.

Protocyon

El género *Protocyon* fue fundado por Giebel en 1855 a partir de la especie *Palaeocyon troglodytes* fundada por Lund a partir de restos hallados en cavernas brasileñas. El cráneo de estos cánidos es robusto, ancho, con el rostro proporcionalmente corto, la caja craneana inflada y los arcos cigomáticos bien proyectados hacia fuera, especialmente en el sector posterior. Las ramas mandibulares son cortas y altas, con la región ascendente bien elevada. La talla es algo mayor que los más robustos *Dusicyon* y próxima a la del lobo con los huesos de los miembros relativamente cortos.

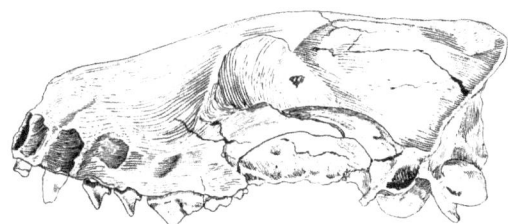

Cráneo del cánido *Protocyon scagliarum* (según Kraglievich).

En el Cuaternario bonaerense se registra la especie *Protocyon scagliarum*, del Ensenadense, fundada por Jorge Lucas Kraglievich (hijo de Lucas) en 1952 a partir de un cráneo casi completo y la mandíbula. Estos restos fueron hallados por Lorenzo Scaglia y Galileo Scaglia al norte de Mar del Plata, cerca del arroyo Santa Elena.

Bibliografía

Kraglievich, J. *"Un cánido del Eocuartario de Mar del Plata y sus relaciones con otras formas brasileñas y norteamericanas"*. Revista del Museo Municipal de Ciencias Naturales y Tradicional de Mar del Plata, 1 (1): 53-70. 1952.

Pascual, R., et al. "Vertebrata", en Borrello, A. (editor). *Paleontografía bonaerense*, Comisión de Investigación Científica, La Plata, 4: 149. 1966.

Felis

El género *Felis* fue fundado en 1758 por Lineo y su nombre en latín significa gato. En el Cuaternario bonaerense está representado por las especies *Felis concolor*, que se registra en todo el Cuaternario; *Felis colocolo* y *Felis geoffroyi*, ambas desde el Platense a la actualidad.

Puma (*Felis concolor*).

Felis concolor es la especie a la cual pertenece el puma y su nombre, que en latín significa "gato del mismo color", hace referencia a la uniformidad del color de su pelaje, característica que comparte únicamente con el león dentro de la familia de los félidos.

En 1918, Rusconi extrajo una porción mandibular de un puma en las arenas que forman el lecho del río, frente a la calle Belgrano. Rusconi suponía que ese resto debía corresponder a un individuo de los que hace varios siglos atrás merodeaban los bosquecillos de talas y sauces que existían en las zonas bajas y a lo largo del Río de la Plata.

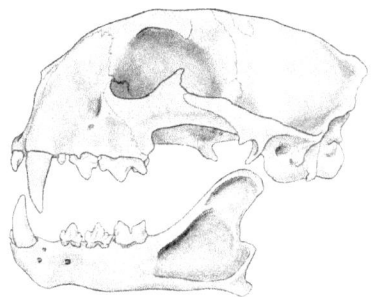

Cráneo y mandíbula del puma (*Felis concolor*) (según Gilbert).

Felis colocolo es la especie que corresponde al gato del pajonal. Este felino posee el aspecto de un robusto gato doméstico. Tiene la cara bastante ancha y las orejas son más puntiagudas que las de cualquier otro felino sudamericano.

La especie *Felis geoffroyi* corresponde a un felino pequeño, del tamaño de un gato doméstico, y manchado, de complexión ligera, conocido vulgarmente como gato montés. Esta especie fue dedicada por Alcide Dessalines d'Orbigny y Paul Gervais en 1844 al profesor de zoología francés Geoffroy Saint-Hilaire.

Bibliografía

Cabrera, A. "*Los félidos vivientes de la República Argentina*". Revista del Museo Argentino de Ciencias Naturales "Bernardino Rivadavia" e Instituto Nacional de Investigación de las Ciencias Naturales, Ciencias Zoológicas, 6 (5): 1-247. 1961.

Galliari, C. A., Berman, W. D., y Goin, F. J. "*Mamíferos*". Situación Ambiental de la Provincia de Buenos Aires. A. Recursos y rasgos naturales en la evaluación ambiental, Comisión de Investigaciones Científicas, Provincia de Buenos Aires, 5: 7. 1991.

Pascual, R., et al. "Vertebrata", en Borrello, A. (editor). *Paleontografía bonaerense*, Comisión de Investigación Científica, La Plata, 4: 157. 1966.

Rusconi, C. "*Contribución al conocimiento de la geología de la Ciudad de Buenos Aires y sus alrededores y referencia de su fauna*". Actas de la Academia Nacional de Ciencias de la República Argentina, 10: 191. 1937.

Seidensticker, J., y Lumpkin, S. (editores) *Felinos*. Encuentro Editorial, Barcelona, 240 pp. 1992.

Panthera

El género *Panthera* fue fundado por el zoólogo alemán Lorentz Oken en 1816. La única especie del Cuaternario bonaerense es *Panthera onca*, que corresponde al yaguareté. Este félido, que se registra en todo el Cuaternario, habitó hasta tiempos históricos en la provincia de Buenos Aires. Así, a comienzos del siglo XX habitaba desde el norte del país hasta el río Colorado.

Yaguareté (*Panthera onca*) (según Hershkovitz).

Bibliografía

Carlini, A. A., y Tonni, E. P. *Mamíferos fósiles del Paraguay*. Cooperación Técnica Paraguayo-Alemana. Proyecto Sistema Ambiental del Chaco. Proyecto Sistema Ambiental Región Oriental, La Plata, pp 92-93. 2000.

Canevari, M., y Pugliese, M. *El yaguareté*. Centro Editor de América Latina, Buenos Aires, 32 pp. 1988.

Galliari, C. A., Berman, W. D., y Goin, F. J. "Mamíferos". *Situación Ambiental de la Provincia de Buenos Aires. A. Recursos y rasgos naturales en la evaluación ambiental*, Comisión de Investigaciones Científicas, Provincia de Buenos Aires, 5: 24. 1991.

Smilodon

El género *Smilodon* está formado por especies a las que se conoce comúnmente como "tigres de dientes de sable". Estos félidos, al igual que los restantes integrantes de la subfamilia de los macairodontinos, estaban provistos de enormes caninos superiores. El nombre del género proviene del griego *smíle*, que significa trinchete, y *odóntos*, diente.

Reconstrucción del *Smilodon populator* (según Rusconi).

La única especie del Cuaternario bonaerense es *Smilodon populator*, registrada desde el Ensenadense al Lujanense. El nombre específico, *populator*, en latín significa "el que asola los campos".

Los primeros restos de este félido fueron descubiertos por Lund en unas cavernas de Brasil, quien los describió en 1842 bajo el nombre de *Smilodon populator*. En 1844, Francisco Javier Muñiz encontró cerca de Luján un esqueleto casi completo, que describió en el periódico *Gaceta Mercantil* del 9 de octubre de 1845. Ignorando que ya era conocido, Muñiz lo designó como *Muñifelis bonaeriensis*.

Los félidos de la especie *Smilodon populator* tenía aproximadamente el mismo peso y tamaño que el león actual; sin embargo, sus proporciones corporales diferían de las de cualquier félido moderno. Las extremidades posteriores de *Smilodon populator* eran más cortas y robustas, su cuello proporcionalmente más largo, y el lomo más corto.

La extraordinaria especialización de los esmilodontes se debía al gran desarrollo de la parte anterior de su cuerpo y al tamaño asombroso de sus caninos superiores, que llegaban a sobresalir más de quince centímetros. A diferencia de la mayoría de los félidos, tenían un rabo corto, como el lince actual. Todo su cuerpo tenía una estructura poderosa y los músculos de los hombros y del cuello estaban dispuestos de tal manera que su enorme cabeza podía lanzarse hacia abajo con gran fuerza. Las mandíbulas se abrían formando un ángulo de más de 120 grados, permitiendo que el par de los inmensos dientes de sable que tenía en el maxilar superior se pudiera clavar en sus víctimas.

Los caninos en forma de sable eran ovales en sentido transversal, lo que aseguraba una mínima resistencia cuando se hundían en su presa. También estaban aserrados por el extremo posterior, lo que permitían atravesar la musculatura de la víctima con mayor facilidad.

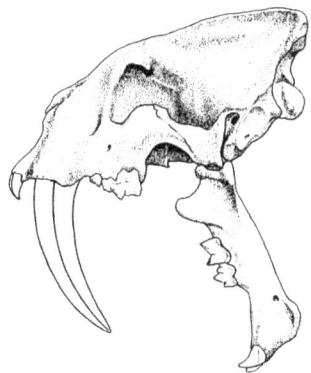

Cráneo y mandíbula del *Smilodon* (modificado de Akersten).

Se cree que el *Smilodon populator* predaba a animales grandes, de movimientos lentos y piel gruesa. Como no podía matar a sus presas con un rápido mordisco en el cuello, lo más probable es que este félido infligiera heridas profundas en los costados de la víctima o en sus cuartos traseros, y que luego simplemente esperara a que muriera desangrada.

El examen de los huesos que sustentan la lengua (hioides) revela que los esmilodontes eran capaces de rugir como un león.

Bibliografía

Akersten, W. A. *"Canine function in Smilodon (Mammalia; Felidae; Machairodontinae)"*. Contributions in Science, Natural History Museum of Los Angeles County, 356: 1-22. 1985.

Ameghino, F. *"Contribución al conocimiento de los mamíferos fósiles de la República Argentina"*. Actas de la Academia Nacional de Ciencias de la República Argentina en Córdoba, 6: 333-339. 1889.

Carlini, A. A., y Tonni, E. P. *Mamíferos fósiles del Paraguay*. Cooperación Técnica Paraguayo-Alemana. Proyecto Sistema Ambiental del Chaco. Proyecto Sistema Ambiental Región Oriental, La Plata, pp 94-95. 2000.

Pascual, R., et al. "Vertebrata", en Borrello, A. (editor). *Paleontografía bonaerense*, Comisión de Investigación Científica, La Plata, 4: 159. 1966.

Heald, F., y Shaw, C. *"Los felinos dientes de sable"*, en Seidensticker, J., y Lumpkin, S. (editores). Felinos. Encuentro Editorial, Barcelona, pp. 26-27. 1992.

Arctotherium

Reconstrucción del úrsido *Arctotherium bonariense* (según Rusconi).

El primer hallazgo de un oso fósil en la Argentina fue realizado por Muñiz, quien depositó un fragmento de mandíbula en el Museo de Buenos Aires. Otro fragmento de la misma mandíbula, junto con la mayor parte de la colección de fósiles de Muñiz, fue llevado a París por el almirante francés Jean Henri Dupotet como un obsequio por un tratado celebrado en octubre de 1840 entre el gobierno de la provincia de Buenos Aires y el de Francia, conocido como tratado Arana-Mackau, que ponía fin al bloqueo francés. Sobre la base de este último fragmento mandibular, Henri Gervais fundó en 1854 la especie *Ursus bonaerensis*. En 1856, Auguste Bravard, basándose en el ejemplar del Museo de Buenos Aires, incluyó al mismo animal en otro género, al que denominó *Arctotherium*, y fundó la especie *Arctotherium latidens*. El nombre del género proviene del griego *arktos*, que significa oso, y *therós*, animal.

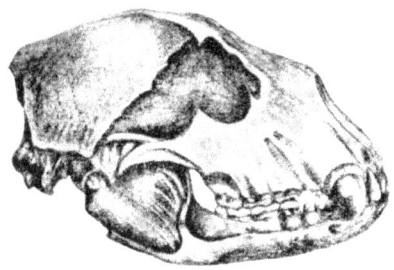

Cráneo de un oso del género *Arctotherium* (según Ameghino).

Los osos fósiles sudamericanos se incluyeron en varios géneros y subgéneros, tales como *Ursus*, *Arctodus*, *Arctotherium*, *Arctoidotherium*, *Proarctotherium*, *Pararctotherium*, *Pseudarctotherium*, *Arctodus (Arctotherium)*, *Arctodus (Pararctotherium)*, *Arctotherium (Pseudarctotherium)* y *Arctotherium (Pararctotherium)*.

En 2002, Leopoldo Soibelzon, especialista en osos fósiles de la Facultad de Ciencias Naturales y Museo de la Universidad Nacional de La Plata, después de realizar un análisis filogenético optó por reconocer como válido un sólo género, *Arctotherium*, para las especies sudamericanas. Para este paleontólogo, las especies válidas son *Arctotherium latidens* (Ensenadense), *Arctotherium vetustum* (Bonaerense), *Arctotherium bonariense*, *Arctotherium tarijense* (ambas del Bonaerense y Lujanense) y *Arctotherium brasiliense* (Lujanense). De estas cinco especies, las registradas en Buenos Aires son las cuatro primeras.

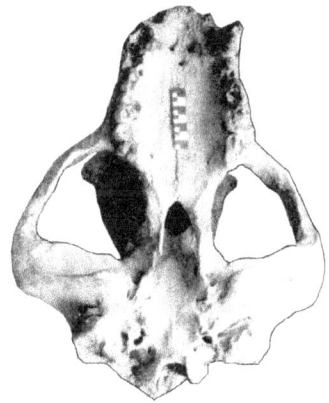

Vista ventral del cráneo de un oso de la especie *Arctotherium latidens* (según Soibelzon).

Arctotherium latidens es la especie tipo del género e incluye a los osos de mayor peso: se estima que la masa de los machos llegaba a los 1.200 kilogramos y la de las hembras a sólo 500 ó 600 kilogramos. El cráneo es de gran tamaño, con una cresta sagital muy desarrollada, una caja craneana estrecha y arcos cigomáticos sobresalientes y con el ángulo posterior pronunciado. Rusconi descubrió en 1931 una porción mandibular con dos dientes de un oso de esta especie, que atribuyó a

Arctotherium angustidens, en las excavaciones de la línea B de subterráneos, en Corrientes y avenida Madero.

En la especie *Arctotherium vetustum*, fundada por Florentino Ameghino en 1885, al igual que en *Arctotherium latidens*, los arcos cigomáticos son sobresalientes y con el ángulo posterior pronunciado.

En *Arctotherium bonariense*, el borde dorsal del foramen magno (el orificio del cráneo por el cual pasa la médula espinal) es continuo, sin escotadura. Además presenta dos orificios delante de cada órbita (forámenes anteorbitarios).

La especie *Arctotherium tarijense* fue fundada por Florentino Ameghino en 1902. Delante de cada órbita presenta dos forámenes anteorbitarios y el borde dorsal del foramen magno es continuo, sin escotadura.

De acuerdo con Soibelzon, los osos del género *Arctotherium* probablemente poseían una dieta omnívora formada por una gran diversidad de componentes, pero con un predominio más o menos marcado de alimentos de origen animal, como la carne y el hueso de mamíferos. Esto no implica que únicamente cazaba sus presas en forma activa, sino que su enorme tamaño y poderío físico podrían haberle permitido disputar el fruto de la cacería a los otros carnívoros pleistocénicos. Soibelzon supone que también el carroñeo sobre carcasas de megaherbívoros pudo haber sido un comportamiento frecuente de estos osos.

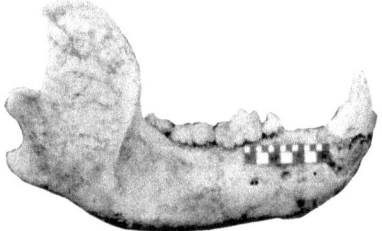

Mandíbula de *Arctotherium latidens* (según Soibelzon).

Una de las características de los osos es la superioridad del tamaño de los machos con respecto al de las hembras. En la especie *Arctotherium latidens*, Soibelzon determinó que en los machos el ancho de los caninos está comprendido entre 26,6 y 29,5 mm y en las hembras entre 22,5 a 26 mm. Esta diferencia del ancho de los caninos permite determinar el sexo en los osos de esa especie.

Bibliografía

Ameghino, F. "*Contribución al conocimiento de los mamíferos fósiles de la República Argentina*". Actas de la Academia Nacional de Ciencias de la República Argentina en Córdoba, 6: 315-320. 1889.

Ameghino, F. "*Nuevas especies de mamíferos cretáceos y terciarios de la República Argentina*". Anales de la Sociedad Científica Argentina, 58: 269-270. 1904.

Carlini, A. A., y Tonni, E. P. *Mamíferos fósiles del Paraguay.* Cooperación Técnica Paraguayo-Alemana. Proyecto Sistema Ambiental del Chaco. Proyecto Sistema Ambiental Región Oriental, La Plata, pp 98-99. 2000.

Pascual, R., et al. "Vertebrata", en Borrello, A. (editor). *Paleontografía bonaerense*, Comisión de Investigación Científica, La Plata, 4: 150. 1966.

Rusconi, C. "*Contribución al conocimiento de la geología de la Ciudad de Buenos Aires y sus alrededores y referencia de su fauna*". Actas de la Academia Nacional de Ciencias de la República Argentina, 10: 191 y 201. 1937.

Soibelzon, L. H. "*Nueva evidencia sobre la relación filogenética entre los osos pleistocenos de América del Sur y del Norte*". Revista Cuaternario y Ciencias Ambientales. Asociación Geológica Argentina, Publicación Especial N° 4: 45-50. 2000.

Soibelzon, L. H. *Los Ursidae (Carnivora, Fissipedia) fósiles de la República Argentina. Aspectos Sistemáticos y Paleoecológicos*. Tesis Doctoral. Universidad Nacional de La Plata. 239 pp., 42 figuras., 16 tablas. Inédito. 2002.

Soibelzon L. y Bond, M. "*Los Ursidae (Mammalia: Carnivora) fósiles de la Argentina*". Actas del X Congreso Latinoamericano de Geología y VI Congreso Nacional de Geología Económica, 1: 275-279. 1998.

Soibelzon, L., Bond, M., y Soibelzon, E. "*The systematic identity of the type of Arctotherium bonariensis Gervais, 1852 (Ursidae: Tremarctinae)*". Reunión Anual de Comunicaciones de la Asociación Paleontológica Argentina, *Ameghiniana*, 37 (4), Suplemento de resúmenes, 79R. 2000.

Conepatus

El género *Conepatus* incluye a los zorrinos, cuyas diferentes especies están distribuidas en casi todo el territorio de la Argentina. Las especies que con seguridad se registraron en el Cuaternario de Buenos Aires son *Conepatus chinga*, desde el Platense a la actualidad, y *Conepatus mercedensis*, del Bonaerense.

Zorrino de la especie *Conepatus chinga* (según Redford y Eisenberg).

En la provincia de Buenos Aires, la distribución actual de la especie *Conepatus chinga* abarca a los partidos situados al norte de la Sierra de la Ventana.

La especie *Conepatus mercedensis* fue fundada en 1880 por Ameghino con el nombre *Mephitis mercedensis*, basándose en un cráneo encontrado cerca de Mercedes. El rostro de este zorrino fósil es más corto que el actual, el tamaño es menor pero la dentadura es más fuerte y robusta.

Bibliografía

Ameghino, F. "*Contribución al conocimiento de los mamíferos fósiles de la República Argentina*". Actas de la Academia Nacional de Ciencias de la República Argentina en Córdoba, 6: 322-324. 1889.

Canevari, M., y Reig, G. *Los zorrinos*. Centro Editor de América Latina, Buenos Aires, 32 pp. 1985.

Galliari, C. A., Berman, W. D., y Goin, F. J. "*Mamíferos*". *Situación Ambiental de la Provincia de Buenos Aires. A. Recursos y rasgos naturales en la evaluación ambiental*, Comisión de Investigaciones Científicas, Provincia de Buenos Aires, 5: 8. 1991.

Pascual, R., et al. "Vertebrata", en Borrello, A. (editor). *Paleontografía bonaerense*, Comisión de Investigación Científica, La Plata, 4: 153. 1966.

Galictis

Este género incluye a los hurones chicos. Una característica curiosa de estos animales es la coloración. Mientras que en la mayoría de los mamíferos las partes inferiores son notablemente más pálidas que las superiores, en los hurones del género *Galictis* la cara, la garganta, el pecho, el vientre y las patas son siempre de un negro más o menos profundo, mientras que las partes superiores son de un gris lavado casi siempre de amarillo, con los pelos negros con la punta blanca o amarilla.

Hurón chico del género *Galictis* (según Redford y Eisenberg).

La única especie de un hurón fósil registrada en el Cuaternario de Buenos Aires es *Galictis hennigi*, del Ensenadense, fundada a partir de una porción mandibular del lado derecho, provista del primer molar y el alvéolo del segundo. Este material fue hallado en las toscas del Río de la Plata, en Olivos, por un coleccionista llamado Federico Hennig y descripto por Rusconi en 1932 como perteneciente a un nuevo género y especie, a la que denominó *Grisonella hennigi*.

Bibliografía

Cabrera, A., y Yepes, J. *Mamíferos Sud Americanos*. Ediar, Buenos Aires, pp. 146-148. 1960.

Pascual, R., et al. "Vertebrata", en Borrello, A. (editor). *Paleontografía bonaerense*, Comisión de Investigación Científica, La Plata, 4: 154-155. 1966.

Rusconi, C. "*Dos nuevas especies de mustélidos del piso ensenadense: `Grisonella hennigi'*, n. sp., et `*Conepatus mercedensis praccursor* 'subsp n. Anales de la Sociedad Científica Argentina, 113: 42-45. 1932.

Lyncodon

El género *Lyncodon* incluye a mustélidos conocidos como huroncitos. El primer hallazgo de restos fósiles de este género fue realizado por Carlos Ameghino en Luján, quien descubrió un cráneo casi completo. Más tarde halló un trozo de mandíbula en Córdoba. Basándose en estos restos, Florentino Ameghino fundó en 1888 la especie *Lyncodon lujanensis*. Pero en 1928, Ángel Cabrera señaló que los caracteres que Ameghino había establecido como diferenciales para distinguir una nueva especie no tenían la importancia pretendida por el autor y las atribuyó al hecho de que se trataba de un ejemplar joven. Por lo tanto, estos restos correspondían en realidad a la especie actual, *Lyncodon patagonicus*, que se registra desde el Bonaerense. La otra especie del Cuaternario de Buenos Aires es *Lyncodon bosei*, del Ensenadense.

Huroncito patagónico, *Lyncodon patagonicus* (según Redford y Eisenberg).

Lyncodon patagonicus es la especie que corresponde al llamado huroncito patagónico, que actualmente habita en el centro el oeste de la provincia de Buenos Aires. Es uno de los mustélidos más pequeños de América del Sur y mide unos 37 centímetros desde el hocico hasta la punta de la cola, la que mide 7 centímetros. Este animal tiene el cuerpo más alargado que los otros hurones y las orejas más cortas. En los miembros anteriores, las uñas son largas y anchas. Los pies tienen membranas más desarrolladas y las uñas cortas. Esta especie es indicadora de paleoclimas áridos y fríos.

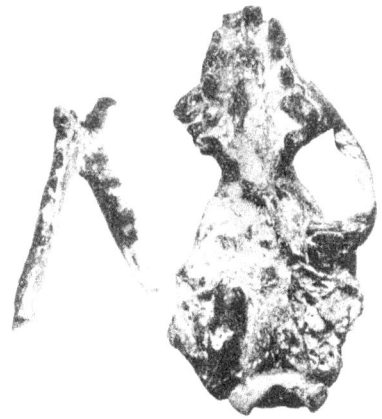

Cráneo y mandíbula del huroncito ensenadense *Lyncodon bosei* (según Pascual).

La especie *Lyncodon bosei* fue descripta en 1958 por Rosendo Pascual, del Museo de La Plata, como un antecesor de la anterior. Pascual se basó en un cráneo casi completo y una mandíbula hallados en las toscas del Río de la Plata, entre Olivos y Anchorena, por un aficionado llamado Walter Bose, a quién dedicó la especie. Las características anatómicas de este cráneo son semejantes a los de la especie actual y las mayores diferencias se aprecian en la dentición.

Bibliografía

Ameghino, F. "Contribución al conocimiento de los mamíferos fósiles de la República Argentina". *Actas de la Academia Nacional de Ciencias de la República Argentina en Córdoba*, 6: 324-325. 1889.

Cabrera, A., y Yepes, J. *Mamíferos Sud Americanos*. Ediar, Buenos Aires, pp. 148. 1960.

Galliari, C. A., Berman, W. D., y Goin, F. J. *"Mamíferos"*. *Situación Ambiental de la Provincia de Buenos Aires. A. Recursos y rasgos naturales en la evaluación ambiental*, Comisión de Investigaciones Científicas, Provincia de Buenos Aires, 5: 9. 1991.

Pascual, R. *"Lyncodon bosei nueva especie del Ensenadense. Un antecesor del huroncito patagónico"*. Revista del Museo de La Plata (nueva serie), sección Paleontología, 4: 1-34. 1958.

Pascual, R., et al. "Vertebrata", en Borrello, A. (editor). *Paleontografía bonaerense*, Comisión de Investigación Científica, La Plata, 4: 154. 1966.

Tonni, E. P., Cione, A. L., y Figini, A. J. *"Predominance of arid climates indicated by mammals in the pampas of Argentina during the Late Pleistocene and Holocene"*. Palaeogeography, Palaeoclimatology, Palaeoecology, 147: 257-281. 1998.

Stipanicicia

El género *Stipanicicia* fue fundado en 1956 por Osvaldo Reig basándose en la especie *Stipanicicia pettorutii*, del Ensenadense, que es la única especie registrada en el Cuaternario de Buenos Aires.

Bibliografía

Pascual, R., et al. "Vertebrata", en Borrello, A. (editor). *Paleontografía bonaerense*, Comisión de Investigación Científica, La Plata, 4: 155. 1966.

Reig, O. *"Note preliminaire sur un nouveau genre de mustelides fossiles du Pléistocene de la République Argentine"*. Mammalia, 20 (3): 223-230. 1956.

Lontra

El género *Lontra*, cuyo nombre deriva del griego *loutrón* (agua o lugar de baño), incluye a mustélidos acuáticos de cuerpo muy alargado y flexible, con la cabeza ancha y achatada, las orejas muy pequeñas, las patas cortas, los pies provistos de cinco dedos reunidos por membranas hasta la punta, de los cuales los posteriores son más largos que los anteriores. La cola es larga, redondeada y disminuye sensiblemente de grosor desde la base a la punta. El cráneo es muy bajo, con la caja cerebral ancha y chata. Poseen 36 dientes. Los dientes carniceros son muy grandes, lo mismo que el único molar superior.

Lobito de río, *Lontra longicaudis* (según Masoia).

Este género está representado en el Cuaternario de Buenos Aires por la especie *Lontra longicaudis*, que corresponde al denominado lobito de río. Esta especie se registra en Buenos Aires en el Ensenadense y desde el Platense a la actualidad.

El lobito del río mide cerca de 1,20 metro de largo, de los cuales 50 centímetros corresponden a la cola, que es larga y tubular. Las patas de esta nutria son cortas y fuertes, con membranas interdigitales. Habita ríos, esteros, arroyos y lagunas en ambientes selváticos de casi toda América del Sur.

Bibliografía

Cabrera, A., y Yepes, J. *Mamíferos Sud Americanos*. Ediar, Buenos Aires, pp. 154. 1960.

Chebez, J. C. 1994. *Los que se van. Especies argentinas en peligro*. Albatros, Buenos Aires, 224-228.

Galliari, C. A., Berman, W. D., y Goin, F. J. "*Mamíferos*". *Situación Ambiental de la Provincia de Buenos Aires. A. Recursos y rasgos naturales en la evaluación ambiental*, Comisión de Investigaciones Científicas, Provincia de Buenos Aires, 5: 9. 1991.

Massoia, E. "*Mammalia*", en Ringuelet, R. A. (editor). *Fauna de agua dulce de la República Argentina*, 44: 35-38. 1976.

Pascual, R., et al. "Vertebrata", en Borrello, A. (editor). *Paleontografía bonaerense*, Comisión de Investigación Científica, La Plata, 4: 155-156 (el género figura como *Lutra*). 1966.

Cyonasua

Los prociónidos del género *Cyonasua*, fundado por Ameghino en 1885, fueron los primeros carnívoros placentados de América del Sur.

La única especie registrada en el Cuaternario bonaerense es *Cyonasua meranii*, del Ensenadense, descripta en 1925 por Lucas Kraglievich y Carlos Ameghino como pertenecientes a un nuevo género, al que denominaron *Brachynasua*.

Bibliografía

Ameghino, F. "Contribución al conocimiento de los mamíferos fósiles de la República Argentina". *Actas de la Academia Nacional de Ciencias de la República Argentina en Córdoba*, 6:.313. 1889.

Kraglievich, L., y Ameghino, C. "*Un prociónido cercoleptoide en el Pampeano inferior de la Argentina, Brachinasua meranii*, n. gen., n. sp". Com. Museo Nacional de Historia Natural, 2 (18). 1925.

Pascual, R., *et al*. "Vertebrata", en Borrello, A. (editor). *Paleontografia bonaerense*, Comisión de Investigación Científica, La Plata, 4: 152. 1966.

Roedores

La mitad de las especies de los mamíferos actuales son roedores. Estos animales se caracterizan por poseer un par de incisivos largos, curvos, cubiertos de esmalte en la parte anterior y de crecimiento continuo, tanto en el maxilar superior como en la mandíbula; ausencia de caninos y un largo diastema que separa los incisivos de los premolares y molares.

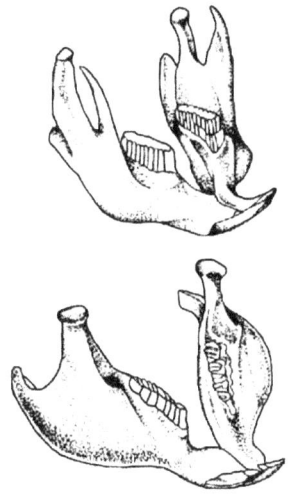

Estructuras mandibulares esciurognata (arriba) e histricognata (según Savage y Long).

Las liebres y los conejos no son roedores, ya que pertenecen al orden de los lagomorfos. Los lagomorfos poseen dos pares de incisivos superiores, uno detrás del otro. Esta característica y la forma en que se insertan los músculos que intervienen en la masticación los diferencia de los roedores. Sin embargo, es posible que los roedores y los lagomorfos compartan un antepasado en común. En la mayor parte de los roedores, las cuencas situadas adelante de los ojos son grandes. Estas cuencas, llamadas forámenes infraorbitales, quedan reducidas a unos pequeños orificios en los lagomorfos.

El tamaño de los roedores es variable, aunque la mayoría son pequeños. Actualmente, el más grande es el carpincho o capibara (ampliamente distribuido en América del Sur), que llega a pesar más de 50 kilogramos.

La clasificación de los roedores se basa principalmente en la forma en que se insertan los músculos masticadores y en algunas particularidades de la mandíbula. En estos mamíferos hay dos tipos de estructuras mandibulares, que se diferencian en la posición de la denominada apófisis o proceso angular con respecto al cuerpo mandibular. La apófisis angular es la protuberancia de la parte postero inferior de cada rama mandibular. En la estructura esciurognata (mandíbula de ardilla) esta protuberancia se sitúa en el mismo plano que el cuerpo mandibular, mientras que en la histricognata (mandíbula de puercoespín) se encuentra en un plano distinto a éste.

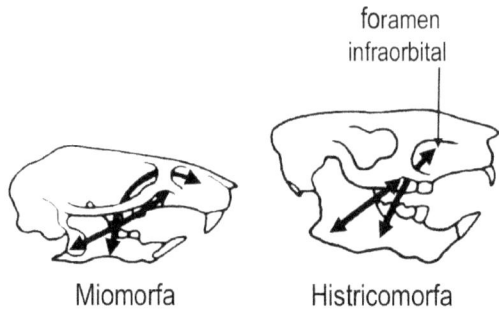

Dos tipos de inserción de los músculos masticadores en los roedores (modificado de Savage y Long).

Los roedores del Cuaternario de la provincia de Buenos Aires pertenecen a los grupos de los miomorfos y de los caviomorfos. Los miomorfos (del griego *mys*, ratón, y *morfé*, forma) ingresaron a Sudamérica desde América del Norte y poseen una estructura mandibular esciurognata y la estructura de los músculos de la masticación es de un tipo que se denomina miomorfa. Este grupo está representado por la familia de los múridos (Muridae). Los caviomorfos (*Cavia* es el género al cual pertenecen ciertos cuises) son descendientes de roedores africanos y poseen una estructura mandibular histricognata y la forma de la inserción de los músculos de la masticación es histricomorfa. Además tienen forámenes infraorbitales muy grandes. Poseen a cada lado del maxilar superior y de la mandíbula un incisivo, un premolar y tres molares. Las familias de roedores caviomorfos del Cuaternario bonaerense son las de los octodóntidos (Octodontidae), equímidos (Echimyidae), miocastóridos (Myocastoridae), chinchílidos (Chinchillidae), cávidos (Caviidae), hidrocoéridos (Hydrochoerdae) y dasipróctidos (Dasyproctidae).

Múridos

La familia de los múridos, la más grande dentro de los mamíferos, está integrada por más de 1.300 especies. Estos roedores carecen de premolares y la estructura de la mandíbula es esciurognata. En América del Sur, los múridos están representados por la subfamilia de los sigmodontinos (Sigmodontinae). Los géneros del Cuaternario bonaerense son *Oligoryzomys*, *Akodon*, *Abrothrix*, *Bolomys*, *Necromys*, *Oxymycterus*, *Scapteromys*, *Bibimys*, *Calomys*, *Reithrodon*, *Holochilus*, *Lundomys*, *Eligmodontia*, *Graomys*, *Phyllotis*, *Pseudoryzomys* y *Nectomys*. También pertenecen a la familia de los múridos las ratas y lauchas introducidas involuntariamente en América por los conquistadores, que pertenecen, respectivamente, a los géneros *Rattus* y *Mus*.

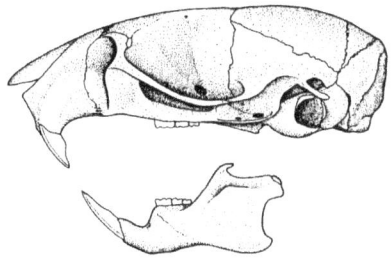

Cráneo y mandíbula de un roedor del género *Oligoryzomys* (según Chebez).

El género *Oligoryzomys*, fundado por Bangs en 1900, incluye a roedores conocidos comúnmente como ratones colilargos. La especie actual *Oligoryzomys longicaudatus* se registra en el Cuaternario de Buenos Aires en el Ensenadense y del Platense a la actualidad. Los roedores de esta especie tienen una larga cola que sobrepasa en longitud a su cuerpo. Las patas posteriores son las muy largas, las orejas pequeñas y los ojos grandes. El cuerpo está cubierto de un pelaje color ocre amarillento.

En 1833, el naturalista alemán Franz Meyen fundó el género *Akodon*, que agrupa a varios ratones de campo de tamaño pequeño, de orejas chicas y cola corta. Su color es generalmente castaño o pardo y el vientre es grisáceo. En el Cuaternario de Buenos Aires se registran las especies *Akodon azarae* (Ensenadense a la actualidad), *Akodon johannis* (Ensenadense), *Akodon* atribuible a *Akodon cursor* (Ensenadense), *Akodon* atribuible a *Akodon iniscatus* (Ensenadense y Platense a la actualidad), *Akodon* atribuible a *Akodon neocenus* (Platense a la actualidad) y *Akodon molinae* (Platense a la actualidad).

Ratón del campo de la especie *Akodon azarae* (según Quintanilla, Rizzo y Fraga).

El género *Abrothrix* (del griego *abrós*, delicado, suave, y *thrix*, pelo) está representado en el Cuaternario de Buenos Aires por las especies vivientes *Abrothrix illuteus*, desde el Lujanense, *Abrothrix lanosus*, *Abrothrix longipilis*, *Abrothrix olivaceus* y *Abrothrix xanthorhinus*, todas desde el Platense. Para algunos autores, estas especies corresponden al género *Akodon*. La especie *Abrothrix illuteus* es conocida como ratón grande y su largo total promedio es de 19 centímetros, de los cuales 8,5 corresponden a la cola. Tiene el dorso pardo grisáceo, el vientre gris, una coloración marrón rojiza en la nariz y cabeza y una cola levemente bicoloreada. Actualmente habita en el noroeste de la Argentina (Tucumán y Jujuy). A los integrantes de la especie *Abrothrix lanosus* se los conoce como ratones colorados. Son roedores pequeños, de color canela a pardo oliva, con las orejas cortas y escasamente pilosas. Los pies son blancos y la cola bicolor. El largo total promedio es de 16 centímetros, de los cuales 6 centímetros son de la cola. En la Argentina habita en Santa Cruz y Tierra del Fuego. A los roedores de la especie *Abrothrix longipilis* se los conoce como ratones de pelo largo. Estos ratones tienen las orejas pequeñas y escasamente pilosas. El pelaje es largo y suelto, con el dorso oscuro cuyo color varía desde gris con tintes rosados a café con tonos sepia. El vientre es gris a blanco grisáceo y la cola es bicoloreada. En la Argentina, actualmente habita desde Tierra del Fuego y, por el oeste, hasta el sur de Mendoza. El llamado ratón oliváceo corresponde a la especie *Abrothrix olivaceus*. Este pequeño ratón tiene el dorso pardo grisáceo y la parte inferior blancuzca, grisácea o pardusca. Tiene un largo total promedio de 17 centímetros, de los cuales 6,5 corresponden a la cola. En la Argentina habita en el oeste de la Patagonia. Finalmente, la especie *Abrothrix xanthorhinus* agrupa a los denominados ratones de hocico bayo. Este pequeño roedor tiene un pelaje largo y denso. El color del dorso varía del pardo grisáceo a pardo. En la Argentina habita en Tierra del Fuego y la Patagonia.

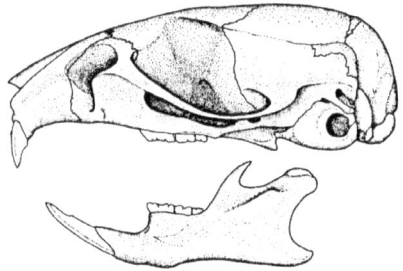

Cráneo y mandíbula de un roedor del género *Necromys* (según Chebez).

El género *Bolomys* (del griego *bolos*, bola, y *mys*, ratón), que posee ciertas características similares a *Akodon*, fue fundado por Thomas en 1916. De este género, en el Cuaternario bonaerense se conoce una especie, todavía no nominada, registrada en el Ensenadense. La especie que habita actualmente en la provincia de Buenos Aires es *Bolomys obscurus*, a la que pertenece el denominado ratón. Este roedor tiene el dorso muy oscuro de color marrón y el vientre gris amarillento. La cola es nítidamente bicolor y la nariz es parda clara. El largo total promedio es de unos 18 centímetros, de los cuales unos 7 centímetros corresponden a la cola.

A los roedores del género *Necromys*, fundado por Ameghino en 1889, se los conoce como ratones de campo. En la provincia de Buenos Aires las especies con representantes vivientes son *Necromys benefactus*, *Necromys lactens* (ambas se registran en el Lujanense) y *Necromys obscurus* (desde el Platense). También se hallaron restos atribuibles al género *Necromys* (desde el Ensenadense al Lujanense).

En el género *Oxymycterus*, fundado por el zoólogo inglés George Waterhouse en 1837, se incluyen a ciertos roedores que por tener el hocico bastante alargado, se los conoce vulgarmente como hocicudos. Son de tamaño relativamente grande ya que sobrepasan los 25 centímetros de longitud total, poseen orejas redondeadas y cola corta. En el Cuaternario de Buenos Aires se registran restos de roedores de este género atribuibles a las especies *Oxymycterus paramensis*, desde el Lujanense a la actualidad, y *Oxymycterus rufus*, en el Ensenadense y desde el Lujanense a la actualidad.

Hocicudo de la especie *Oxymycterus rufus* (según Quintanilla, Rizzo y Fraga).

El género *Scapteromys* también fue fundado por Waterhouse en 1837. Comprende a especies de tamaño relativamente grande, llamadas vulgarmente ratas acuáticas. La especie que actualmente vive en Buenos Aires es *Scapteromys tumidus*, que se registra desde el Platense. Este roedor es de color gris pardusco oscuro con el vientre blanco, las orejas circulares de tamaño mediano y la cola más corta que la cabeza y el cuerpo juntos. La longitud total, con la cola incluida, puede sobrepasar los 30 centímetros.

Rata acuática de la especie *Scapteromys tumidus*, (según Redford y Eisenberg).

El género *Bibimys* fue fundado en 1979 por Elio Massoia, del Museo Argentino de Ciencias Naturales "Bernardino Rivadavia". El nombre de este género no deriva del griego ni del latín, sino que es un homenaje de Massoia a su hija Bibiana Mónica. El hallazgo de restos de roedores del género Bibimys indica que en el momento en que se depositaron los sedimentos portadores reinaban condiciones climáticas húmedos y cálidas.

En la provincia de Buenos Aires se hallaron restos atribuidos a la especie *Bibimys torresi*, a la que pertenece el llamado ratón de hocico rosado, que se registran desde el Platense. Es un roedor pequeño y robusto, con una cola corta, una frente bien desarrollada y ojos pequeños. Tiene un pelaje suave de color castaño oscuro en el dorso y gris en el vientre y en las extremidades. La cola es bicolor. El largo total de este ratón es de unos 16,5 centímetros en promedio, de los cuales 7 centímetros corresponden a la cola. Una característica de este roedor es la nariz de color rosado. Actualmente tiene una distribución geográfica muy puntual, ya que se detectó solamente en el Delta del Paraná, en el partido de Campana.

Rata conejo, *Reithrodon auritus* (según Quintanilla, Rizzo y Fraga).

Otro género de múridos que fundó Waterhouse en 1837 es *Calomys* (del griego *kalós*, hermoso, y *mys*, ratón), a cuyos integrantes se los llama comúnmente lauchas de campo. Estas lauchas son de tamaño pequeño y se las puede observar en los pastizales de la llanura pampeana. Tienen una masa de unos 20 gramos y un pelaje no muy suave que normalmente es gris pardusco. En algunas especies se observan mechoncitos de pelos blancos detrás de las orejas. La región ventral es blanco grisácea. En el Ensenadense, Bonaerense y Lujanense de la provincia de Buenos Aires se hallaron restos de roedores de este género que podrían pertenecer a la especie *Calomys laucha* o a *Calomys musculinus*.

El género *Reithrodon*, fundado por Waterhouse en 1837, comprende a roedores a los que se conoce como ratas o ratones conejo. Son de tamaño mediano, tienen la cola más corta que el cuerpo y la cabeza juntos, el color es pardo grisáceo y se caracterizan por sus grandes ojos y sus orejas redondeadas. La especie actual *Reithrodon auritus* se registra en la provincia de Buenos Aires desde el Ensenadense.

El zoólogo alemán Johann Brandt fundó en 1835 al género *Holochilus*, en el que se encuentran unos roedores conocidos como ratas de agua, ratas nutria o ratas coloradas. Son de tamaño mediano a grande y llegan a medir más de 40 centímetros en total. Poseen orejas cortas y redondeadas y la cola, que es algo escamosa y con pocos pelos, es tan larga como la cabeza y el cuerpo juntos. El pelaje es relativamente suave y su coloración oscila entre el gris y el canela, con frecuentes tonos rojizos. El vientre es normalmente más claro que el resto del cuerpo y puede presentar áreas blancas que llegan a extenderse a toda la parte ventral. Los miembros posteriores tienen una membrana interdigital rudimentaria. La especie actual, *Holochilus brasiliensis*, es indicadora de climas húmedos y cálidos y se registra en el Cuaternario bonaerense del Ensenadense al Lujanense.

Rata acuática de la especie *Holochilus brasiliensis* (según Redford y Eisenberg).

Otros roedores de hábitos acuáticos son los del género *Lundomys* (dedicado al danés Peter Lund), en el que se encuentra la especie actual *Lundomys molitor*, fundada por Herluf Winge en 1887. *Lundomys molitor* se registra en el Cuaternario de Buenos Aires en el Ensenadense y el Bonaerense. Esta especie es indicadora de climas húmedos y cálidos.

El género *Eligmodontia*, fundado por Cuvier en 1837, incluye a las llamadas lauchas sedosas. Este género está representado en el Cuaternario de Buenos Aires por la especie *Eligmodontia typus*, que se registra desde el Lujanense, y otra no nominada aún, del Ensenadense. Los roedores de la especie *Eligmodontia typus* son animales pequeños, pálidos, de pelaje suave, con largos miembros posteriores y con pies con forma de pala con almohadillas peludas en la planta. El largo total promedio es 17 centímetros, de los cuales 9 pertenecen a la cola. El vientre es total o parcialmente blanco. Las hembras son más grandes que los machos. Vive en suelos arenosos con bajas temperaturas. Esta especie es indicadora de climas áridos con un amplio rango de temperatura.

Roedor de la especie *Nectomys squamipes* (según Redford y Eisenberg).

El género *Graomys* fue fundado en 1916 por Thomas. En esta categoría se encuentran unos roedores a los que se conoce vulgarmente como ratas orejudas. La cola es más larga que la cabeza y el cuerpo juntos. El largo total de estos animales oscila entre 23 y 33 centímetros. La cola generalmente posee dos colores y está cubierta de pelos finos y cortos y el extremo generalmente termina en punta. El dorso generalmente es pardo y el vientre es más pálido. Las especies del Cuaternario bonaerense son *Graomys griseoflavus*, que se registra desde el Bonaerense, y una nueva especie del Ensenadense. Los roedores de la especie *Graomys griseoflavus* habitan actualmente en Bolivia, Paraguay y, en la Argentina, hasta el norte de la provincia de Chubut. Esta especie es indicadora de climas áridos y cálidos.

Otros roedores, conocidos como ratas orejudas, y también como pericotes, son los del género *Phyllotis*, fundado por Waterhouse en 1837. Este género agrupa a roedores pequeños a medianos, de pelaje abundante, largo y suave, y con una larga cola pilosa que termina en una especie de pincel. Poseen orejas grandes. El largo total varía desde 11,5 a 30 centímetros, de los cuales entre 4,5 y 15 centímetros corresponden a la cola. La única especie del Cuaternario de Buenos Aires es *Phyllotis xanthopygus*, que se registra desde el Platense.

El género *Pseudoryzomys*, fundado por Hershkovitz en 1959, incluye a roedores pequeños, apenas mayores que las más grandes lauchas domésticas (*Mus musculus*). El pelaje es medianamente largo, en el dorso posee color castaño amarillento, con tonos algo más claros en el vientre. La cabeza es grande, con ojos y orejas medianos. Las orejas están recubiertas de pelitos ocres. La cola es larga, de color gris en la parte dorsal y blanca en la ventral. Los pies son proporcionalmente grandes, con membranas cutáneas rudimentarias que unen los tres dedos centrales. La única especie registrada en el Cuaternario de Buenos Aires es *Pseudoryzomys simplex*, del Platense.

El género *Nectomys*, fundado por Peters en 1860, comprende a roedores de tamaño grande, similar al de *Holochilus*, con proporciones corporales similares y la cola generalmente muy larga. El pelaje es suave y con aspecto metalizado, bastante similar a los mustélidos del género *Lontra*. Son conocidos como ratas acuáticas por sus hábitos anfibios. La única especie del Cuaternario bonaerense es *Nectomys squamipes*, que se registra en el Ensenadense y del Platense a la actualidad.

Bibliografía

Cabrera, A., y Yepes, J. *Mamíferos Sud Americanos*. Ediar, Buenos Aires. 1960.

Galliari, C. A., Berman, W. D., y Goin, F. J. "*Mamíferos*". *Situación Ambiental de la Provincia de Buenos Aires. A. Recursos y rasgos naturales en la evaluación ambiental*, Comisión de Investigaciones Científicas, Provincia de Buenos Aires, 5: 12-16. 1991.

Massoia, E. "*Mammalia*", en Ringuelet, R. A. (editor). *Fauna de agua dulce de la República Argentina*, 44: 49-74. 1976.

Massoia, E. "*Descripción de un género y especie nuevos*: Bibimys torresi (*Mammalia-Rodentia-Cricetidae-Sigmodontinae-Scapteromyni)"*. Physis, sección C, 38 (95): 1-7. 1978.

Massoia, E., y Pardiñas, U. F. "El *estado sistemático de algunos muroideos estudiados por Ameghino en 1889. Revalidación del género* Necromys *(Mammalia, Rodentia, Cricetidae)"*. Ameghiniana, 30 (4): 407-418. 1993.

Pardiñas, U. F. J. "El *registro más antiguo (Pleistoceno Temprano a Medio) de* Akodon azarae *(Fischer, 1829) (Mammalia, Rodentia, Cricetidae) en la provincia de Buenos Aires, Argentina"*. *Ameghiniana*, 30 (2): 149-153. 1993.

Pardiñas, U. F. J. "*Sobre las vicisitudes de los géneros* Bothriomys *Ameghino, 1889,* Euneomys *Coues, 1874 y* Graomys *Thomas, 1916 (Mammalia, Rodentia, Cricetidae)"*. Ameghiniana, 32 (2): 173-180. 1995.

Quintilla, R. H., Rizzo, H. F., y Fraga, C. P. *Roedores perjudiciales para el agro en la República Argentina*. Eudeba, colección Lectores, Buenos Aires, 110 pp. 1973.

Redford, K. H., y Eisenberg, J. F. *Mammals of the Neotropics. The Southern Cone*, The University of Chicago Press, Chicago, volumen 2: 256-334. 1992.

Tonni, E. P., Cione, A. L., y Figini, A. J. "*Predominance of arid climates indicated by mammals in the pampas of Argentina during the Late Pleistocene and Holocene*". Palaeogeography, Palaeoclimatology, Palaeoecology, 147: 257-281. 1998.

Octodóntidos

Los octodóntidos son los caviomorfos más primitivos. Poseen molares de crecimiento continuo con la superficie de masticación muy simplificada y con forma de ocho.

Tuco-tucu de la especie *Ctenomys talarum* (según Quintanilla, Rizzo y Fraga).

Los dos únicos géneros de octodóntidos del Cuaternario bonaerense son *Ctenomys* y *Eucoelophorus*.

El género *Ctenomys*, fundado por el francés Henri Marie Ducrotay de Blainville en 1826, incluye a los roedores conocidos comúnmente como tucu-tucos debido al sonido que emiten. Tienen el cuerpo fornido, casi cilíndrico, la cabeza corta, grande y aplanada, y el cuello corto. Poseen cinco dedos en pies y manos provistos de uñas fuertes y curvas, especialmente en las manos, que utilizan para cavar. La cola es corta, cilíndrica y con poco pelo. El pelaje es fino, sedoso y espeso y está formado por pelos relativamente largos cuya coloración hace que se mimetisen con el terreno. El cráneo posee un rostro corto; la mandíbula es corta, muy robusta, con la rama ascendente muy expandida lateralmente. Los incisivos son fuertes, muy curvados; poseen los terceros molares atrofiados, el superior de tamaño casi doble que el inferior, sin alcanzar 1 milímetro de diámetro. Los molares funcionales poseen una figura semilunar.

En general viven en terrenos arenosos y, preferentemente, en declive, donde construyen largas galerías, que llegan a medir 100 metros de longitud, con forma de red. Cada galería posee cuatro o cinco bocas, cada una de las cuales tiene un montoncito de tierra.

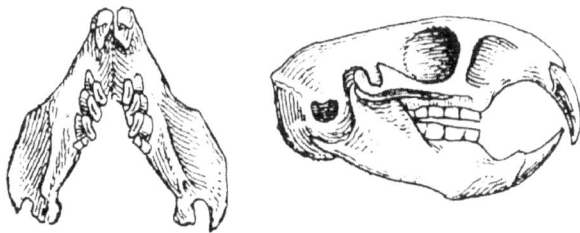

Cráneo y mandíbula de *Ctenomys lujanensis* (según Ameghino).

Este género, que es indicador de condiciones climáticas áridas, incluye más de 50 especies, la mayoría de las cuales están en la Argentina. Las especies registradas en el Cuaternario bonaerense son *Ctenomys kraglievichi*, *Ctenomys orthognathus*, *Ctenomys latidens*, *Ctenomys intermedius* (todas del Ensenadense), *Ctenomys lujanensis* (Bonaerense y Lujanense), *Ctenomys magnus* (Bonaerense), *Ctenomys talarum* (desde el Platense a la actualidad), *Ctenomys australis* y *Ctenomys porteusi*, actuales.

En 1929, Rusconi halló la parte sinfisiana de una mandíbula del género *Ctenomys* con un incisivo en una excavación de la Compañía Ítalo Argentina de Electricidad en Puerto Nuevo, entre 5,8 a 7 metros de profundidad.

El género *Eucoelophorus*, que fue fundado por Ameghino en 1908, incluye a roedores de tamaño semejante a los del género *Ctenomys* con los incisivos no tan curvados. La única especie del Cuaternario bonaerense es *Eucoelophorus chapalmalensis*.

Bibliografía

Ameghino, F. "*Contribución al conocimiento de los mamíferos fósiles de la República Argentina*". Actas de la Academia Nacional de Ciencias de la República Argentina en Córdoba, 6: 153-156. 1889.

Cabrera, A., y Yepes, J. *Mamíferos Sud Americanos*. Ediar, Buenos Aires. 1960.

Contreras, J. R., y Pugliese, M. *Los tucu-tucos*. Centro Editor de América Latina, Buenos Aires, 32 pp. 1984.

Galliari, C. A., Berman, W. D., y Goin, F. J. "*Mamíferos*". Situación Ambiental de la Provincia de Buenos Aires. A. Recursos y rasgos naturales en la evaluación ambiental, Comisión de Investigaciones Científicas, Provincia de Buenos Aires, 5: 16-17. 1991.

Pascual, R., et al. "Vertebrata", en Borrello, A. (editor). *Paleontografía bonaerense*, Comisión de Investigación Científica, La Plata, 4: 130-132. 1966.

Quintilla, R. H., Rizzo, H. F., y Fraga, C. P. *Roedores perjudiciales para el agro en la República Argentina*. Eudeba, colección Lectores, Buenos Aires, pp. 47-55. 1973.

Redford, K. H., y Eisenberg, J. F. *Mammals of the Neotropics. The Southern Cone*, The University of Chicago Press, Chicago, volumen 2: 354-384. 1992.

Rusconi, C. "*Contribución al conocimiento de la geología de la Ciudad de Buenos Aires y sus alrededores y referencia de su fauna*". Actas de la Academia Nacional de Ciencias de la República Argentina, 10: 186. 1937.

Tonni, E. P., Cione, A. L., y Figini, A. J. "*Predominance of arid climates indicated by mammals in the pampas of Argentina during the Late Pleistocene and Holocene*". Palaeogeography, Palaeoclimatology, Palaeoecology, 147: 257-281. 1998.

Equímidos

La familia de los equímidos, fundada en 1918 por Miller y Gidley, incluye un grupo de primitivos roedores caviomorfos con aspecto de ratas, de tamaño pequeño a mediano, a los que se conoce como ratas espinosas. La mayor parte son arbóreos, pero los que pertenecen a la subfamilia de los eumisopinos son terrestres o semisubterráneos. Muchos de los equímidos tienen pelos espinosos en medio del pelaje dorsal. El pelaje dorsal tiene un color variable, que va del pardo al negro. El vientre es blanco o amarillento.

El único género de equímidos del Cuaternario bonaerense es *Clyomys*, fundado por Thomas en 1916. La única especie viviente de este género en la Argentina es *Clyomys laticeps*, que habita en

Misiones. Este roedor mide en total 19 centímetros en promedio, de los cuales 7 centímetros corresponden a la cola. El primer hallazgo de un equímido de este género fue anunciado en 1997 por María Guiomar Vucetich, Diego Verzi y Eduardo Tonni, paleontólogos de la Facultad de Ciencias Naturales y Museo de la Universidad Nacional de La Plata. Los restos, que pertenecen a una especie indefinida, provienen del Ensenadense de Necochea y de Mar del Plata. La presencia de este género sugiere que en una parte del Ensenadense reinaban en Mar del Plata y Necochea condiciones climáticas cálidas y húmedas, ya que las especies vivientes de *Clyomys* habitan actualmente las savanas del centro-este de Brasil y Paraguay.

Bibliografía

Pascual, R., et al. "Vertebrata", en Borrello, A. (editor). *Paleontografía bonaerense*, Comisión de Investigación Científica, La Plata, 4: 134-135. 1966.

Redford, K. H., y Eisenberg, J. F. *Mammals of the Neotropics. The Southern Cone*, The University of Chicago Press, Chicago, volumen 2: 386-390. 1992.

Vucetich, M. G., Verzi, D. H., y Tonni, E. P. *"Paleoclimatic implications of the presence of Clyomys (Rodentia, Echimyidae) in the Pleistocene of central Argentina"*. Palaeogeography, Palaeoclimatology, Palaeoecology, 128: 207-214. 1997.

Miocastóridos

La familia de los miocastóridos incluye a roedores de hábitos anfibios de tamaño relativamente grande, cabeza triangular con ojos y orejas pequeños y cuello corto. Los molares son de crecimiento continuo y van disminuyendo de tamaño de atrás hacia adelante. Los incisivos son fuertes y poco curvados. El cuerpo es redondeado y está cubierto por dos tipos de pelo: uno corto y abundante, y el otro más largo, duro y disperso. Los pies, que son más largos y más fuertes que las manos, tienen membranas interdigitales que unen los cuatro primeros dedos. La cola es mediana, gruesa y fuerte, posee poco pelo y está cubierta de escamas.

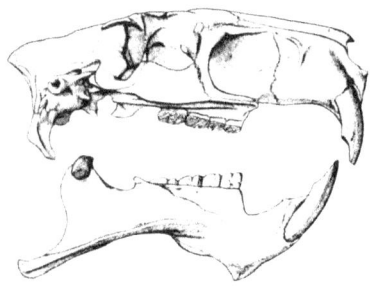

Cráneo y mandíbula del coipo, *Myocastor coypus* (según Ellerman).

El único género del Cuaternario bonaerense es *Myocastor*, fundado por Kerr en 1792, que incluye a la única especie viviente, *Myocastor coypus*, que se registra desde el Platense, y las fósiles *Myocastor minor*, del Ensenadense, y *Myocastor priscus*, del Bonaerense y Lujanense. La especie *Myocastor coipus*, a la que pertenece el coipo, posee las características generales del género. El largo total es de aproximadamente 1 metro, de los cuales unos 40 centímetros corresponden a la cola. La especie *Myocastor priscus* fue descripta por Henri Gervais y Ameghino en 1880 a partir de una rama mandibular proveniente de Luján.

Rusconi halló restos del miocastórido *Myocastor coypus* en las cercanías del Puente de la Noria, junto con otros de moluscos de agua dulce, en sedimentos del Platense.

Bibliografía

Ameghino, F. *"Contribución al conocimiento de los mamíferos fósiles de la República Argentina"*. Actas de la Academia Nacional de Ciencias de la República Argentina en Córdoba, 6: 132-135 (el género Myocastor aparece como Myopotamus). 1889.

Cabrera, A., y Yepes, J. *Mamíferos Sud Americanos*. Ediar, Buenos Aires. 1960.

Ferrari, M., y Pugliese, M. *El coipo*. Centro Editor de América Latina, Buenos Aires, 32 pp. 1983.

Galliari, C. A., Berman, W. D., y Goin, F. J. *"Mamíferos"*. *Situación Ambiental de la Provincia de Buenos Aires. A. Recursos y rasgos naturales en la evaluación ambiental*, Comisión de Investigaciones Científicas, Provincia de Buenos Aires, 5: 17. 1991.

Massoia, E. *"Mammalia"*, en Ringuelet, R. A. (editor). *Fauna de agua dulce de la República Argentina*, 44: 75-80. 1976.

Pascual, R., et al. "Vertebrata", en Borrello, A. (editor). *Paleontografía bonaerense*, Comisión de Investigación Científica, La Plata, 4: 137-138. 1966.

Redford, K. H., y Eisenberg, J. F. *Mammals of the Neotropics. The Southern Cone*, The University of Chicago Press, Chicago, volumen 2: 353-354. 1992.

Rusconi, C. *"Contribución al conocimiento de la geología de la Ciudad de Buenos Aires y sus alrededores y referencia de su fauna"*. Actas de la Academia Nacional de Ciencias de la República Argentina, 10: 195. 1937.

Chinchílidos

La familia de los chinchílidos incluye a las vizcachas, chinchillas y al chinchillón de las sierras. Estos animales tienen las patas anteriores cortas con manos pequeñas y dedos flexibles. Los miembros posteriores son alargados y poseen 3 ó 4 dedos funcionales, el quinto, cuando está presente, es extremadamente reducido. Los molares son de crecimiento continuo, formados de prismas laminares rectos, paralelos entre sí y oblicuos. Los molares pueden ser independientes o unidos de un lado y libres del otro, a veces con cemento interlaminar.

Vizcacha, *Lagostomus maximus* (según Redford y Eisenberg).

El único género del Cuaternario bonaerense es *Lagostomus* (del griego *lagós*, liebre, y *mys* o *mus*, ratón), fundado por el zoólogo inglés Richard Brookes en 1828. En este género, el cráneo es chato, con anchos huesos frontales y nasales relativamente largos y estrechos. Los molares están compuestos por dos láminas oblicuas, excepto el tercer molar superior que está formado por tres láminas sin cemento interlaminar. Los miembros anteriores tienen cuatro dedos, los posteriores son alargados, con sólo tres dedos, de los cuales el dedo III es el más largo y grueso. De este género se conoce una especie indeterminada del Ensenadense y *Lagostomus maximus*, especie a la que pertenece la vizcacha y que se registra con seguridad desde el Platense y con dudas desde el Lujanense.

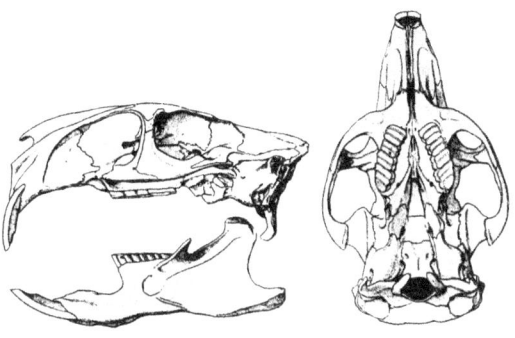

Cráneo y mandíbula de la vizcacha *Lagostomus maximus* (según Ellerman).

La vizcacha posee un cuerpo robusto, con la cabeza bien desarrollada y algo achatada, el hocico es corto. Los incisivos carecen de pigmentación. Los ojos son grandes y saltones. Las orejas miden 6 centímetros de largo, son anchas en la base y estrechas en la punta. Los miembros delanteros son cortos, están provistos de cuatro dedos terminados en uñas bien desarrolladas y adaptadas para excavar. Los miembros posteriores son largos, tienen tres dedos con uñas fuertes. La cola es encorvada y tiene un largo que oscila entre 15 y 20 centímetros. El largo total, incluida la cola, varía entre 70 y 80 centímetros. Es un animal de hábitos crepusculares y nocturnos. En el día permanece dentro de su cueva, a la que se denomina vizcachera, la que tiene entre una y más de veinte bocas.

La especie *Lagostomus maximus* indica climas áridos y cálidos.

En 1919, Rusconi halló restos de *Lagostomus* en la loma de la quinta de "Don Pancho Moreno", que estaba comprendida entre las calles Caseros, Brasil, Deán Funes y Jujuy. Más tarde, cuando se realizaban los trabajos tendientes a la rectificación del río Matanzas, extrajo en los alrededores del Puente Alsina restos de la especie actual en la capa superficial del suelo. En 1931 descubrió la parte distal de una tibia y una tibia casi completa en una capa del Ensenadense que afloró en las excavaciones para el emplazamiento del Mercado de Abasto.

Bibliografía

Ameghino, F. "*Contribución al conocimiento de los mamíferos fósiles de la República Argentina*". Actas de la Academia Nacional de Ciencias de la República Argentina en Córdoba, 6: 175-187. 1889.

Cabrera, A., y Yepes, J. *Mamíferos Sud Americanos*. Ediar, Buenos Aires. 1960.

Contreras, J. R., y Pugliese, M. *La vizcacha.* Centro Editor de América Latina, Buenos Aires, 32 pp. 1984.

Galliari, C. A., Berman, W. D., y Goin, F. J. *"Mamíferos". Situación Ambiental de la Provincia de Buenos Aires. A. Recursos y rasgos naturales en la evaluación ambiental,* Comisión de Investigaciones Científicas, Provincia de Buenos Aires, 5: 17. 1991.

Pascual, R., et al. "Vertebrata", en Borrello, A. (editor). *Paleontografía bonaerense,* Comisión de Investigación Científica, La Plata, 4: 121-122. 1966.

Quintilla, R. H., Rizzo, H. F., y Fraga, C. P. *Roedores perjudiciales para el agro en la República Argentina.* Eudeba, colección Lectores, Buenos Aires, pp. 55-62. 1973.

Redford, K. H., y Eisenberg, J. F. *Mammals of the Neotropics. The Southern Cone,* The University of Chicago Press, Chicago, volumen 2: 347-353. 1992.

Rusconi, C. *"Contribución al conocimiento de la geología de la Ciudad de Buenos Aires y sus alrededores y referencia de su fauna".* Actas de la Academia Nacional de Ciencias de la República Argentina, 10: 191, 196 y 203. 1937.

Tonni, E. P., Cione, A. L., y Figini, A. J. *"Predominance of arid climates indicated by mammals in the pampas of Argentina during the Late Pleistocene and Holocene".* Palaeogeography, Palaeoclimatology, Palaeoecology, 147: 257-281. 1998.

Cávidos

Los cávidos son roedores diurnos. Poseen las extremidades anteriores terminadas en cuatro dedos y las posteriores en tres. La cola es muy corta, como en la liebre patagónica y en el conejo de palo, o carecen de ella, como en los cuises. La coloración del pelaje es característica ya que cada pelo de la región dorsal del cuerpo presenta dos anillos de diferente matiz, lo que le otorga un aspecto jaspeado que los genetistas denominan agutí.

Cuis grande, *Cavia aperea* (según Quintanilla, Rizzo y Fraga).

Los cávidos del Cuaternario de Buenos Aires pertenecen a los géneros *Cavia, Microcavia, Galea,* que corresponden a los cuises, *Dolichotis* y *Pediolagus*.

El género *Cavia* fue fundado por el naturalista alemán Peter Pallas en 1766. Los representantes de este género poseen el cuerpo robusto y la cabeza grande con orejas cortas. Las extremidades son fuertes y de escasa longitud. El pelaje es más duro y jaspeado que en los otros géneros. Los molares son laminares, con surcos y pliegues parcialmente rellenados con cemento. La única especie del Cuaternario de Buenos Aires es *Cavia aperea*, que se registra desde el Platense, a la que pertenece el llamado cuis grande. Este animal, que mide unos 25 centímetros de largo, tiene un pelaje pardo oliváceo, más claro en los flancos, y gris blanquecino por debajo. La parte ventral del cuello es oscura. Esta especie es indicadora de climas secos y cálidos.

En 1880, Henri Gervais y Ameghino fundaron el género *Microcavia*, que agrupa a especies cuyos integrantes tienen el cuerpo más pequeño y la cabeza más corta y redondeada que la de los géneros *Cavia* y *Galea*. Las extremidades son delgadas, con los pies ligeramente más largos que en esos dos géneros, el pelaje es suave y poco jaspeado con predominio de los tonos grisáceos. Las especies del Cuaternario bonaerense son *Microcavia australis*, que se registra desde el Lujanense hasta la actualidad, y *Microcavia robusta*, del Ensenadense. El llamado cuis chico pertenece a la especie *Microcavia australis*. Es el más pequeño de los cuises, su longitud oscila entre 17 y 24 centímetros. La cabeza es redondeada y el pelaje es el más suave entre los cávidos. La región dorsal es gris amarillenta y la ventral es blanco amarillenta o grisácea. *Microcavia australis* es una especie indicadora de climas áridos. La especie fósil *Microcavia robusta* fue fundada en 1880 por Henri Gervais y Ameghino.

Mara o liebre patagónica, *Dolichotis patagonum* (según Redford y Eisenberg).

El género *Galea* fue fundado por Meyen en 1832. Incluye a cuises con formas gráciles y su tamaño es intermedio entre *Cavia* y *Microcavia*. Las extremidades son delgadas y el pelaje, más blanco que el de *Cavia*, es típicamente jaspeado y brillante. Los incisivos son amarillos y bastante anchos, a diferencia que en los otros géneros cuyos incisivos son blanquecinos. Las especies del Cuaternario bonaerense son *Galea musteloides*, que se registra desde el Lujanense a la actualidad, y *Galea laeviplicata*, del Ensenadense. El actual cuis mediano pertenece a la especie *Galea musteloides*. Tiene el pelaje algo duro con el jaspeado agutí bien definido, es oscuro y brillante en la región dorsal y blanco grisáceo o amarillento en la ventral, con una corbata oscura que casi siempre está presente. Los ojos están rodeados por una faja blanquecina. La longitud total está comprendida entre 20 y 22 centímetros. Esta especie es indicadora de climas áridos y cálidos.

El género *Dolichotis* fue fundado por Desmarest en 1820. El tamaño de los roedores de este género es bastante mayor que el de los cuises. El nombre deriva del griego *dolikós*, que significa largo, y *otárion*, oreja, y hace referencia a las largas orejas que poseen los cávidos de este género. La cola es corta y está oculta por el pelo. Las extremidades, especialmente las posteriores, son largas, con almohadillas palmares y plantales bien desarrolladas. Las especies del Cuaternario de Buenos Aires son *Dolichotis patagonum*, que se registra desde el Lujanense, y otra especie indeterminada del Ensenadense.

Conejo del palo o liebre de las salinas, *Pediolagus salinicola* (según Quintanilla, Rizzo y Fraga).

La especie *Dolichotis patagonum* corresponde a la mara o liebre patagónica. Este cávido mide unos 75 centímetros de largo y sus patas son esbeltas. Las orejas miden unos 10 centímetros de largo, son anchas en la base y poseen un color pardo con pelos ocres en los bordes. La cola mide sólo 4 centímetros de largo. El pelaje, largo y denso, es pardo grisáceo en el dorso y centro de la cara, más oscuro en la grupa y llega a negro junto a la banda blanca que posee en las nalgas. En los flancos el pelaje es más amarillento. El vientre y la garganta son blancos. Los ojos están rodeados por un círculo ocre naranja pálido. El cuerpo es alargado, comprimido lateralmente y más ancho en la parte posterior. La cabeza es voluminosa, con grandes ojos, orejas largas, hocico redondeado y chato y labio superior hendido. Posee largas extremidades digitígradas, con cuatro dedos cortos en las anteriores y tres en las posteriores, y gruesas almohadillas plantares y palmares. Las uñas de las patas anteriores toman la forma de garras y las de las extremidades posteriores semejan pezuñas. Esta especie es indicadora de climas áridos.

El género *Pediolagus* fue fundado por Marelli en 1927. El nombre *Pediolagus* significa liebre de las llanuras, ya que en griego *pedion* quiere decir llanura y *lagos*, liebre. En el Cuaternario bonaerense, este género está representado por la especie *Pediolagus salinicola*, que corresponde al llamado conejo del palo o de las salinas. Esta especie actualmente habita en el noroeste de la Argentina y se registra en la provincia de Buenos Aires en el Lujanense. Algunos autores incluyen a esta especie en el género *Dolichotis* Este cávido suele trepar a los árboles bajos, arbustos y árboles secos caídos, de donde proviene el nombre de conejo del palo. El aspecto general se asemeja al de la mara, aunque es más esbelta, más pequeña y posee las orejas más cortas. La primera descripción de restos fósiles de esta especie fue realizada por Tonni en 1981 y corresponden a restos mandibulares procedentes de la laguna Las Encadenadas y una rama mandibular y un fémur hallados en el sudeste de la provincia de Buenos Aires.

Rusconi halló en 1920 una porción mandibular y un astrágalo de *Dolichotis*, junto con restos de un gliptodonte del género *Glyptodon* y de camélidos de los géneros *Lama* y *Paleolama* en un corte de la Loma de Chiclana, limitada por las calles Patagones, Muñiz, Treinta y Tres Orientales y Rondeau. En 1929, durante las excavaciones para la Compañía Ítalo Argentina de Electricidad en Puerto Nuevo, extrajo una porción sinfisiana mandibular con parte del incisivo y del premolar de *Dolichotis*. También descubrió algunos restos de *Cavia*. Así, entre 1920 y 1927 halló algunos restos mezclados con especies actuales en la capa de tierra vegetal al sur del Parque de los Patricios, en los antiguos mataderos. En Villa Lugano, en una barranca en la calle Murgiondo entre Unanué y Barros Pazos, extrajo una porción mandibular a poca profundidad. También encontró restos en el suelo actual en las cercanías de Puente Alsina.

Bibliografía

Ameghino, F. "*Contribución al conocimiento de los mamíferos fósiles de la República Argentina*". Actas de la Academia Nacional de Ciencias de la República Argentina en Córdoba, 6: 212-235. 1889.

Cabrera, A., y Yepes, J. *Mamíferos Sud Americanos*. Ediar, Buenos Aires. 1960.

Erlich de Yoffe, A, y Cabal, G. B. *La mara*. Centro Editor de América Latina, Buenos Aires, 32 pp. 1983.

Galliari, C. A., Berman, W. D., y Goin, F. J. "*Mamíferos*". *Situación Ambiental de la Provincia de Buenos Aires. A. Recursos y rasgos naturales en la evaluación ambiental*, Comisión de Investigaciones Científicas, Provincia de Buenos Aires, 5: 17-18. 1991.

Pascual, R., *et al.* "Vertebrata", en Borrello, A. (editor). *Paleontografía bonaerense*, Comisión de Investigación Científica, La Plata, 4: 103-112. 1966.

Quintilla, R. H., Rizzo, H. F., y Fraga, C. P. *Roedores perjudiciales para el agro en la República Argentina*. Eudeba, colección Lectores, Buenos Aires, pp. 62-72. 1973.

Redford, K. H., y Eisenberg, J. F. *Mammals of the Neotropics. The Southern Cone*, The University of Chicago Press, Chicago, volumen 2: 336-343. 1992.

Rusconi, C. "*Contribución al conocimiento de la geología de la Ciudad de Buenos Aires y sus alrededores y referencia de su fauna*". Actas de la Academia Nacional de Ciencias de la República Argentina, 10: 185, 189, 191, 193 y 196. 1937.

Tonni, E. P. "*Pediolagus salinicola* (Rodentia, Caviidae) en el Pleistoceno Tardío de la provincia de Buenos Aires". *Ameghiniana*, 18 (3-4): 123-126. 1981.

Tonni, E. P., Cione, A. L., y Figini, A. J. "*Predominance of arid climates indicated by mammals in the pampas of Argentina during the Late Pleistocene and Holocene*". Palaeogeography, Palaeoclimatology, Palaeoecology, 147: 257-281. 1998.

Hidrocoéridos

La familia de los hidrocoéridos incluye a roedores anfibios de gran tamaño, con molares formados por prismas laminares, cordiformes o lanceolados, que en la mayoría de los casos están unidos entre sí: los superiores por el lado externo y los inferiores de uno u otro lado, según los prismas que se consideren.

Carpincho, *Hydrochoerus hydrochoeris* (según Hershkovitz)

En el Cuaternario de Buenos Aires, esta familia está representada por los géneros *Hydrochoerus* y *Neochoerus*.

El género *Hydrochoerus* fue fundado por el francés Maturino Brisson en 1762 y su nombre deriva del griego *hydor*, agua, y *choireos*, cerdo, y significa cerdo de agua. La única especie del Cuaternario de Buenos Aires es *Hydrochoerus hydrochoeris*, a la cual pertenece el carpincho y que en esta provincia se registra únicamente en la actualidad. Este hidrocoérido, que mide alrededor de 1,2 metro, de los que sólo 1,5 centímetro corresponden a la cola, es el roedor viviente más grande del mundo. Tiene la cabeza voluminosa y el hocico alto. Los ojos, las narinas y las orejas están ubicadas en la parte superior de la cabeza. Las orejas, que son poco desarrolladas, redondeadas y poco rígidas, poseen un pliegue que permite el cierre del canal auditivo cuando el animal se sumerge. Tienen dos pares de incisivos poderosos y premolares y molares complejos, sin raíces, de crecimiento continuo, formados por láminas transversales. El último molar superior (el tercero) presenta un gran desarrollo y está formado por once a catorce láminas transversales. Las patas anteriores tienen cuatro dedos y las posteriores tres, unidos, en ambos casos, por una gruesa membrana. El pelaje del adulto es pardo rojizo y en la cabeza suele ser más claro que el resto. El macho tiene una tonalidad más oscura que la hembra en las nalgas y el bajo vientre. Las orejas son negruzcas. Las patas son de color marrón oscuro con membranas interdigitales de color pardo grisáceo, las palmas y plantas grises y las uñas casi negras.

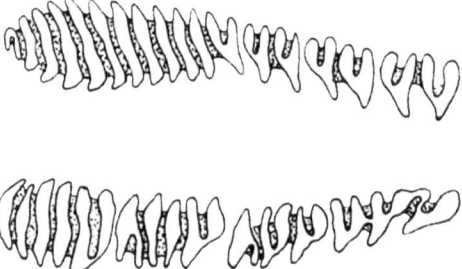

Premolares y molares superiores (arriba) e inferiores (abajo) del *Hydrochoerus hydrochoeris* (según Pascual *et al.*).

El género *Neochoerus* fue fundado por Hay en 1926 e incluye a animales cuya talla es aproximadamente el doble que la del carpincho actual, lo que los convierte en los roedores más grandes del Cuaternario de Buenos Aires. En ese período se registra *Neochoerus aesopi*, del Lujanense, y con dudas del Bonaerense, y una especie indeterminada del Ensenadense.

Bibliografía

Ameghino, F. "*Contribución al conocimiento de los mamíferos fósiles de la República Argentina*". Actas de la Academia Nacional de Ciencias de la República Argentina en Córdoba, 6: 253-256. 1889.

Cabrera, A., y Yepes, J. *Mamíferos Sud Americanos*. Ediar, Buenos Aires. 1960.

Erlich de Yoffe, A, y Cabal, G. B. *El carpincho*. Centro Editor de América Latina, Buenos Aires, 32 pp. 1983.

Galliari, C. A., Berman, W. D., y Goin, F. J. "*Mamíferos*". *Situación Ambiental de la Provincia de Buenos Aires. A. Recursos y rasgos naturales en la evaluación ambiental*, Comisión de Investigaciones Científicas, Provincia de Buenos Aires, 5: 18. 1991.

Massoia, E. "*Mammalia*", en Ringuelet, R. A. (editor). *Fauna de agua dulce de la República Argentina*, 44: 80-86. 1976.

Pascual, R., *et al.* "Vertebrata", en Borrello, A. (editor). *Paleontografía bonaerense*, Comisión de Investigación Científica, La Plata, 4: 113-120. 1966.

Redford, K. H., y Eisenberg, J. F. *Mammals of the Neotropics. The Southern Cone*, The University of Chicago Press, Chicago, volumen 2: 343-344. 1992.

Dasipróctidos

Dasipróctido de la especie *Agouti paca* (según Redford y Eisenberg).

Las pacas y agutíes actuales pertenecen a la familia de los dasipróctidos. Estos roedores son de talla mediana a grande y sus masas oscilan entre 1 y 10 kilogramos. Carecen de cola o poseen una cola rudimentaria y las patas son relativamente pequeñas. Habitan desde el sur de México hasta la selva amazónica y parte de las Antillas. El único dasipróctido del Cuaternario bonaerense proviene del Ensenadense y pertenece a una nueva especie y a un nuevo género no nominados aún.

Bibliografía

Redford, K. H., y Eisenberg, J. F. *Mammals of the Neotropics. The Southern Cone*, The University of Chicago Press, Chicago, volumen 2: 346-347. 1992.

Marsupiales

Los marsupiales se caracterizan por poseer crías que nacen en un estado muy inmaduro y completan su desarrollo embrionario fuera del útero materno, en una bolsa o marsupio que rodea la zona mamaria. El nombre de este grupo de mamíferos deriva del latín *marsupium*, que significa bolsa.

Los marsupiales se originaron en América del Norte durante el Cretácico Tardío, época geológica que se extendió desde 96 millones de años hasta 65 millones de años atrás. En esos tiempos, América del Norte y del Sur estaban separadas, pero gracias a la presencia de una cadena de islas ubicada entre ambas masas continentales se produjo un cierto intercambio de dinosaurios y el ingreso a América del Sur de los marsupiales y los antepasados de los ungulados sudamericanos, tales como los toxodontes y macrauquenias.

Entre estos recién llegados estaban los marsupiales de la familia de los didélfidos (Didelphidae), en la que se encuentran las actuales comadrejas sudamericanas. Los didélfidos poseen un tamaño variable entre el de una laucha y el de un gato grande, son carnívoros u omnívoros y de hábitos crepusculares y nocturnos. Las extremidades tienen cinco dedos y el pulgar del pie es oponible y está desprovisto de uña. La cola es, en muchos casos, prensil y en parte desnuda. Los didélfidos pueden carecer de marsupio o éste puede estar constituido únicamente por dos pliegues laterales de la piel, en el interior de los cuales están los pezones. La dentadura es típicamente carnívora, con caninos bien desarrollados. A cada lado del maxilar superior poseen cinco incisivos, un canino, tres premolares molares y cuatro molares. En la mandíbula tienen cuatro incisivos, las cantidades de caninos, premolares y molares son las mismas.

En los didélfidos existe una terminación común del recto y el aparato génito-urinario, que constituye lo que se denomina cloaca. En la cloaca femenina se abren tres conductos vaginales: uno medio (saco vaginal) y dos vaginas laterales, que se conectan como asas nuevamente en la parte superior del saco vaginal. El nombre de esta familia hace referencia a esta característica, ya que el prefijo *di* significa dos y *delphys* en griego quiere decir útero. El canal vaginal medio opera en el parto para permitir el pasaje de la cría y la copulación se realiza en los canales laterales.

Este antiguo grupo, que se encuentra en América del Sur desde hace unos 70 millones de años, es la única familia de marsupiales registrada en el Cuaternario de Buenos Aires, donde está representada por los géneros *Didelphis*, *Monodelphis*, *Lutreolina*, *Lestodelphys* y *Thylamys*.

Didelphis

El género *Didelphis*, que incluye a animales de tamaño relativamente grande, tiene una distribución muy amplia, desde el norte de la Patagonia hasta el sur de Canadá. La actual comadreja overa pertenece a la especie *Didelphis albiventris*, fundada por el danés Peter Lund en 1840, que se registra en el Cuaternario bonaerense desde el Lujanense y quizá desde el Bonaerense. En el Ensenadense y el Bonaerense también se descubrieron restos de didélfidos de este género, pero de especies indeterminadas.

Comadreja de la especie *Didelphis albiventris*.

La comadreja overa mide entre 70 y 85 centímetros en total, de los cuales entre 33 y 41 centímetros corresponden a la cola. El pelaje es lanoso, denso, el dorso es negruzco con algunos pelos blancos; el vientre es blanco amarillento y la cabeza blanca con una banda oscura en el medio, que culmina entre los ojos. Alrededor de los ojos posee una franja oscura. La cola está cubierta de pelos en la base, el resto con escamas de color negro en la parte anterior y blanquecina al final. El nombre de la especie, que proviene del latín *albidus*, blanco, y *venter*, vientre, hace referencia al color del vientre de esta comadreja.

Es omnívora y se alimenta de frutos, brotes, tallos tiernos, huevos, invertebrados, aves y mamíferos, es crepuscular a nocturna, solitaria, ágil sobre los árboles y puede cruzar a nado pequeños cursos de agua.

Bibliografía

Cabrera, A., y Yepes, J. *Mamíferos Sud Americanos*. Ediar, Buenos Aires. 1960.

Chebez, J. C. *Fauna misionera. Catálogo sistemático y zoogeográfico de los vertebrados de la provincia de Misiones (Argentina)*, LOLA, Buenos Aires. 1996.

Galliari, C. A., Berman, W. D., y Goin, F. J. "*Mamíferos*". *Situación Ambiental de la Provincia de Buenos Aires. A. Recursos y rasgos naturales en la evaluación ambiental*, Comisión de Investigaciones Científicas, Provincia de Buenos Aires, 5: 4. 1991.

Massoia, E., Forasiepi, A., y Teta, P. *Los marsupiales de la Argentina*. LOLA, Buenos Aires, pp. 56-57. 2000.

Pascual, R., et al. "Vertebrata", en Borrello, A. (editor). *Paleontografía bonaerense*, Comisión de Investigación Científica, La Plata, 4: 46-47. 1966.

Redford, K. H., y Eisenberg, J. F. *Mammals of the Neotropics. The Southern Cone*, The University of Chicago Press, Chicago, volumen 2: 19-21. 1992.

Monodelphis

El género *Monodelphis* incluye a didélfidos a los que se conoce vulgarmente como colicortos, ya que la cola de estos animales es un poco más larga que la mitad del cuerpo con la cabeza. Los integrantes de este género son de tamaño pequeño, más o menos como el de los ratones caseros, y tienen las orejas cortas y redondeadas. La cola es poco prensil y está cubierta de pelo en la base, el resto posee pelos cortos muy ralos. Las hembras carecen de marsupio. Los colicortos son los didélfidos menos adaptados a la vida arborícola y andan generalmente por el suelo.

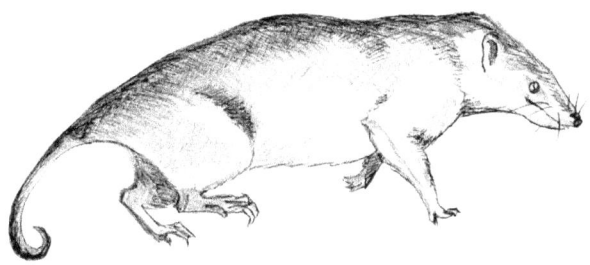

Colicorto de la especie *Monodelphis dimidiata*.

La única especie del Cuaternario bonaerense es *Monodelphis dimidiata*, fundada por el alemán Johann Wagner en 1847, la que se registra desde al Platense a la actualidad. Los didélfidos de esta especie miden en total entre 15 y 23 centímetros, de los cuales de 5 a 8 centímetros corresponden a la cola. Posee un pelaje denso; el dorso presenta un color gris ceniciento que se prolonga hasta la parte superior de la cabeza. El color de los laterales, miembros, cuello y mejillas es anaranjado, mientras que el vientre es crema. Las orejas son pequeñas y redondeadas. La cola es corta, gruesa, cubierta en la base por algunos pelos, con un color grisáceo en la parte dorsal y crema en la ventral.

Come pequeños vertebrados e invertebrados, es terrícola y presenta generalmente hábitos nocturnos.

Bibliografía

Cabrera, A., y Yepes, J. *Mamíferos Sud Americanos*. Ediar, Buenos Aires, pp. 29-33. 1960.

Chebez, J. C. 1996. *Fauna misionera. Catálogo sistemático y zoogeográfico de los vertebrados de la provincia de Misiones (Argentina)*, LOLA, Buenos Aires.

Galliari, C. A., Berman, W. D., y Goin, F. J. "Mamíferos". *Situación Ambiental de la Provincia de Buenos Aires. A. Recursos y rasgos naturales en la evaluación ambiental*, Comisión de Investigaciones Científicas, Provincia de Buenos Aires, 5: 5. 1991.

Massoia, E., Forasiepi, A., y Teta, P. *Los marsupiales de la Argentina*. LOLA, Buenos Aires, pp. 44-45. 2000.

Redford, K. H., y Eisenberg, J. F. *Mammals of the Neotropics. The Southern Cone*, The University of Chicago Press, Chicago, volumen 2: 32-36. 1992.

Lutreolina

El género incluye a didélfidos de cola muy gruesa en su primer tercio, la que disminuye gradualmente de espesor hacia la punta. En su primera mitad, la cola está revestida de la misma clase de pelo que el resto del cuerpo, y luego está cubierta de pelitos cortos y duros; por debajo de la punta queda una estrecha porción pelada. La cabeza es corta, con orejas pequeñas y velludas. El cuerpo es muy largo, con patas cortas, manos y pies pequeños. Las hembras no tienen marsupio sino unos pliegues laterales apenas visibles entre el pelo.

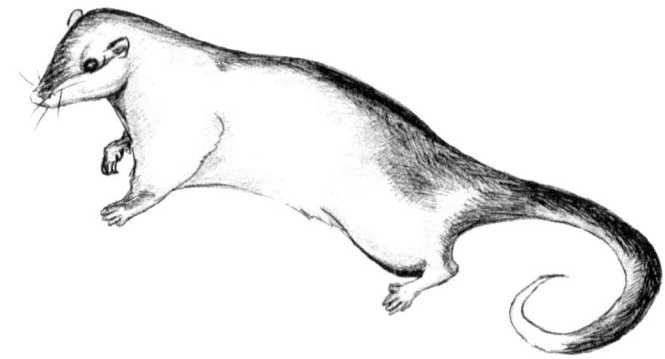

Comadreja colorada (*Lutreolina crassicaudata*).

La única especie del Cuaternario bonaerense es *Lutreolina crassicaudata*, a la que pertenece la comadreja colorada. Esta especie, fundada por el francés Anselmo Desmarest en 1804, se registra en el Ensenadense, Bonaerense y en la actualidad.

La comadreja colorada mide en total de 42 a 71 centímetros, de los cuales 22 a 34 centímetros corresponden a la cola. El dorso es pardo rojizo, mientras que el vientre es más claro, anaranjado. La cabeza posee el mismo color que el cuerpo, tiene un anillo oscuro poco definido alrededor de los ojos y una mancha oscura sobre el hocico. Las orejas son cortas y redondeadas. La cola es gruesa, larga y cubierta de pelo en la mitad proximal, el resto está desnudo. La parte proximal es negra y la distal blanquecina.

Este didélfido se alimenta de pequeños vertebrados e insectos, es crepuscular a nocturna, de hábitos mayormente terrestres y habita en lugares cerca de cuerpos de agua.

Bibliografía

Cabrera, A., y Yepes, J. *Mamíferos Sud Americanos*. Ediar, Buenos Aires, pp. 27-29. 1960.

Chebez, J. C. *Fauna misionera. Catálogo sistemático y zoogeográfico de los vertebrados de la provincia de Misiones (Argentina)*, LOLA, Buenos Aires. 1996.

Galliari, C. A., Berman, W. D., y Goin, F. J. "*Mamíferos*". *Situación Ambiental de la Provincia de Buenos Aires. A. Recursos y rasgos naturales en la evaluación ambiental*, Comisión de Investigaciones Científicas, Provincia de Buenos Aires, 5: 5. 1991.

Massoia, E., Forasiepi, A., y Teta, P. *Los marsupiales de la Argentina*. LOLA, Buenos Aires, pp. 60-61. 2000.

Pascual, R., et al. "Vertebrata", en Borrello, A. (editor). *Paleontografía bonaerense*, Comisión de Investigación Científica, La Plata, 4: 47-48. 1966.

Redford, K. H., y Eisenberg, J. F. *Mammals of the Neotropics. The Southern Cone*, The University of Chicago Press, Chicago, volumen 2: 22-23. 1992.

Lestodelphys

La única especie del género *Lestodelphys* del Cuaternario de Buenos Aires es *Lestodelpys halli*. Esta especie, que se registra desde el Ensenadense, fue fundada por Thomas en 1921.

Marsupiales

Comadrejita patagónica (*Lestodelphys halli*).

Este animal, conocido como comadrejita patagónica, es el didélfido más meridional que se conoce. Se caracteriza por su cráneo corto y ensanchado y sus fuertes mandíbulas. La dentadura está adaptada a un régimen carnívoro, con incisivos pequeños, muelas fuertemente desarrolladas y caninos largos, estrechos y filosos. La longitud total de este didélfido está comprendida entre 21 y 24 centímetros, de los cuales 8 a 10 centímetros corresponden a la cola. El pelo es denso y suave, el dorso de color gris oscuro, los laterales gris claro y el vientre, las patas, las mejillas y una mancha sobre el anillo oscuro que rodea los ojos, son blanquecinos. Las orejas son cortas y redondeadas; la cola es corta, gris oscura en la parte dorsal y blanquecina en la parte ventral. La base de la cola está cubierta de pelos a lo largo de unos 2 centímetros. Es de hábitos terrestres y probablemente fosoriales.

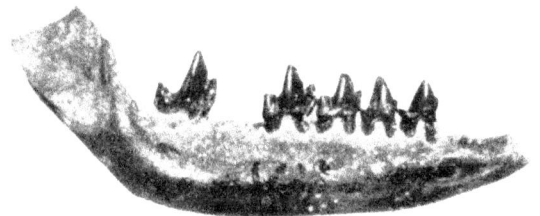

Rama mandibular de *Lestodelphys halli*, del Lujanense de Miramar (según Tonni y Fidalgo).

Lestodelpys halli es un buen indicador paleoclimático, ya que vive exclusivamente en zonas con climas áridos y fríos.

Bibliografía

Cabrera, A., y Yepes, J. *Mamíferos Sud Americanos*. Ediar, Buenos Aires, pp. 45-46. 1960.

Massoia, E., Forasiepi, A., y Teta, P. *Los marsupiales de la Argentina*. LOLA, Buenos Aires, pp. 30-31. 2000.

Redford, K. H., y Eisenberg, J. F. *Mammals of the Neotropics. The Southern Cone*, The University of Chicago Press, Chicago, volumen 2: 21-22. 1992.

Tonni, E. P., Cione, A. L., y Figini, A. J. "*Predominance of arid climates indicated by mammals in the pampas of Argentina during the Late Pleistocene and Holocene*". Palaeogeography, Palaeoclimatology, Palaeoecology, 147: 257-281. 1998.

Thylamys

Los didélfidos del género *Thylamys* poseen un tamaño pequeño. Tienen orejas bastante grandes, redondeadas y desnudas. La cola es muy larga, con frecuencia más larga que el cuerpo, y está prácticamente pelada, ya que sólo en la base presenta pelo semejante al del cuerpo. El nombre de este género deriva del griego *thylax*, bolsa, y *mys*, ratón, y significa ratón con bolsa, debido a que se trata de un marsupial con aspecto de ratón. Las hembras carecen de marsupio. En la bibliografía, este género puede aparecer con el nombre *Marmosa*.

Marmosa enana (*Thylamys pusillus*).

La única especie del Cuaternario de Buenos Aires es *Thylamys pusillus*, fundada en 1804 por Desmarest, la que se registra desde el Platense. A esta especie pertenece la denominada marmosa enana, cuyo largo total es de unos 31 centímetros, de los cuales 16 corresponden a la cola. El dorso es pardo oscuro y los laterales son más claros. El vientre, las patas y las mejillas son blancuzcas y posee un anillo oscuro poco definido alrededor del ojo. Las orejas son grandes, la cola es larga, con la región dorsal pardo oscura y la ventral blancuzca. Este didélfido, que actualmente vive en Entre Ríos, Corrientes y Formosa, habita en las selvas en galería.

La especie *Thylamys pusillus* es indicadora de climas áridos y cálidos.

Bibliografía

Cabrera, A., y Yepes, J. *Mamíferos Sud Americanos*. Ediar, Buenos Aires, pp. 34-37. 1960.

Massoia, E., Forasiepi, A., y Teta, P. *Los marsupiales de la Argentina*. LOLA, Buenos Aires, pp. 40-41. 2000.

Redford, K. H., y Eisenberg, J. F. *Mammals of the Neotropics. The Southern Cone*, The University of Chicago Press, Chicago, volumen 2: 30-31. 1992.

Tonni, E. P., Cione, A. L., y Figini, A. J. "Predominance of arid climates indicated by mammals in the pampas of Argentina during the Late Pleistocene and Holocene". *Palaeogeography, Palaeoclimatology, Palaeoecology*, 147: 257-281. 1998.

La presente edición de
Los Mamíferos Fósiles de Buenos Aires- se
terminó de imprimir en
Jorge Sarmiento Editor
en el mes de julio de 2020.

Impreso en Argentina

www.ingramcontent.com/pod-product-compliance
Lightning Source LLC
Chambersburg PA
CBHW050003230526
45465CB00003BB/1234